KB178956

윌슨이 들려주는 판 구조론 이야기

윌슨이 들려주는 판 구조론 이야기

ⓒ 좌용주, 2010

초   판 1쇄 발행일 | 2005년 9월 20일
개정판 1쇄 발행일 | 2010년 9월 1일
개정판 16쇄 발행일 | 2021년 5월 31일

지은이 | 좌용주
펴낸이 | 정은영
펴낸곳 | (주)자음과모음

출판등록 | 2001년 11월 28일 제2001-000259호
주   소 | 04047 서울시 마포구 양화로6길 49
전   화 | 편집부 (02)324-2347, 경영지원부 (02)325-6047
팩   스 | 편집부 (02)324-2348, 경영지원부 (02)2648-1311
e-mail | jamoteen@jamobook.com

ISBN 978-89-544-2048-8 (44400)

• 잘못된 책은 교환해드립니다.

월슨이 들려주는

판 구조론
이야기

| 좌용주 지음 |

|주|자음과모음

지구의 숨결을 느끼고 싶은
청소년을 위한 '판 구조론' 이야기

　지금도 지구의 여기저기에서는 화산이 폭발하고 지진이 발생하고 있습니다. 지구는 왜 가만히 있지 못하고 이토록 몸부림치는 것일까요? 그것은 지구가 살아 움직이고 있기 때문입니다.

　판 구조론은 20세기 후반 고체 지구의 운동을 가장 과학적으로 설명하기 위해 탄생한 이론입니다. 과학자들의 끊임없는 관찰과 고민으로 우리의 지구를 가장 잘 이해할 수 있는 이론을 탄생시킨 것입니다. 많은 학생들이 판 구조론을 통해 지구의 과거와 현재를 보았습니다. 그리고 그들은 지구의 미래를 예측하고 있습니다.

판 구조론은 비단 지구의 이야기만이 아닙니다. 태양계를 이루는 지구형 행성의 진화를 연구하는 데 판 구조론은 분명한 탐구의 방향을 제시합니다. 지구의 구조와 내부 운동을 밝힘으로써 태양계 행성들의 모습을 좀 더 분명하게 살필 수 있다는 얘기입니다.

　이 책은 고체 지구의 모습을 살피는 것으로부터 시작하여 지하의 구조를 알고, 지표의 움직임을 이해하며, 또 지구에서 일어나고 있는 여러 가지 격렬한 현상을 살펴볼 수 있도록 설명하고 있습니다. 이 책을 함께 공부해 나감으로써 우리는 복잡하면서도 멋진 지구의 모습을 차근차근 이해할 수 있습니다.

　이 책을 읽는 청소년들이 소중한 우리 지구의 숨결을 느끼고, 지구를 사랑하는 마음으로 탐구하고, 지구의 미래를 좀 더 자세하게 그려 낼 과학자로 성장하기를 진심으로 바랍니다.

　끝으로 이 책을 출간할 수 있도록 배려해 준 (주)자음과모음의 강병철 사장님과 여러 가지 수고를 아끼지 않은 편집부 식구들에게 감사드립니다.

좌 용 주

차례

1

지구 속은
어떻게 생겼나요?

지구 속은 지각, 맨틀, 핵으로 이루어졌습니다.
지구 속은 어떻게 생겼는지 좀 더 자세하게 알아봅시다.

1

윌슨이 간단하게 자기를 소개하며
첫 번째 수업을 시작했다.

여러분, 안녕하세요? 나는 캐나다의 지질학자 윌슨입니다.
오늘부터 9일 동안 여러분과 함께 살아 움직이는 지구 표면
의 생생한 모습을 살펴볼까 해요.

참고로, 이 수업을 제대로 이해하기 위해서는 먼저 《베게
너가 들려주는 대륙 이동 이야기》의 내용을 보는 것이 좋습
니다.

여러분은 여러분이 밟고 서 있는 땅속이 어떤 모습인지 잘
알고 있나요?

― 네.

그럼 땅속에 뭐가 있는지 한번 말해 볼까요?

__지구는 여러 개의 층으로 나뉘고 지표에서 땅속을 향해 지각, 맨틀, 핵이 있어요.

맞아요. 참 잘했어요. 방금 우리 친구가 말한 내용을 그림으로 그려 볼게요.

월슨은 칠판에 지구 내부의 단면 모습과 그 안이 여러 개로 나뉘는 층을 그렸다.

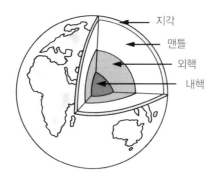

왼쪽 페이지의 그림을 보세요. 지각, 맨틀, 외핵, 내핵이 그려져 있습니다.

지구의 표면은 지각으로 덮여 있죠. 우리가 집을 짓고 살고 있는 대륙의 땅은 대륙 지각으로 되어 있어요. 그리고 해저에는 또 다른 땅이 있는데 해양 지각이라고 부른답니다.

그런데 대륙 지각과 해양 지각은 같은 지각이면서도 많이 다릅니다. 우선 대륙 지각 전체를 보면 여러 종류의 암석으로 되어 있어요. 이를테면 화강암, 섬록암, 반려암 등과 같은 암석이 섞여 있죠. 물론 사암, 이암, 편마암 등의 암석도 나타나고요.

한편 해양 지각은 비교적 단순하답니다. 대부분이 현무암으로 되어 있어요. 하지만 해양 지각의 가장 윗부분은 바다에서 쌓인 퇴적물도 있답니다.

대륙 지각과 해양 지각은 구성하는 암석이 다르기 때문에 밀도도 조금 달라요. 대륙 지각이 해양 지각보다 밀도가 조금 낮아서 가볍죠. 그리고 대륙 지각의 평균 두께가 약 35km인 데 비해 해양 지각의 평균 두께는 약 5km입니다. 대륙 지각은 해양 지각보다 가볍지만 훨씬 두껍다는 얘기죠.

이 지각들 아래가 바로 맨틀이에요. 맨틀은 지각보다는 더 무거운 물질로 되어 있죠. 그래서 여러분도 알고 있듯이 지각은 맨틀 위에 떠 있는 것이죠. 보통 맨틀을 이루는 암석을 감람암이라고 하는데, 아주 치밀하고 무거운 암석이에요.

맨틀 아래가 핵이죠. 핵은 주로 금속으로 되어 있다는 것을 여러분도 알고 있을 겁니다. 이 핵은 액체인 외핵과 고체인 내핵으로 구분되죠. 외핵이 액체인 것을 잘 기억해 두기 바랍니다.

이 정도의 지구 내부 구조는 여러분도 이미 알고 있는 것이죠. 그런데 과학자들은 지구의 내부를 조금 다른 방식으로 나누기도 해요.

다음 그림을 보면 지구의 지각, 맨틀, 핵의 모습도 있지만, 다른 구분의 층도 같이 그려져 있습니다. 암석권, 연약권, 중간권 등의 층이죠.

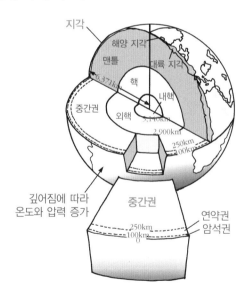

아마 여러분은 이런 이름을 처음 들을 겁니다. 외핵과 내핵은 그대로 두고, 지각과 맨틀의 부분만을 다시 나눈 거지요. 이렇게 새로 나눈 이유는 지구의 표면 운동을 좀 더 자세하게 이해하기 위해서였죠. 그럼 하나하나 설명해 볼게요.

우선 가장 지구 표면에 있는 층의 이름은 암석권입니다. 이 암석권은 지각만을 의미하지는 않습니다. 지각과 바로 그 아래의 맨틀을 합한 거예요. 다시 설명하면 다음과 같습니다.

암석권 = 지각 + 가장 상부의 맨틀

암석권이라고 부르는 것은 이 층에 속하는 지각이든 맨틀이든 모두 단단한 암석으로 되어 있기 때문입니다. 그리고 암석권의 두께는 대략 100km 정도로 생각해요. 암석권 내에서는 밀도가 큰 물질이 아래에, 밀도가 작은 물질이 위에 위치하고 있습니다. 나중에 다시 설명하겠지만 지구의 표면이 아주 활발하게 움직이는데, 바로 이 암석권의 운동 때문이랍니다.

다음으로 암석권 아래에 연약권이 있죠. 연약권은 맨틀이지만 맨틀 중에서도 비교적 상부에 속하죠. 연약권이라고 부르는 이유는 말 그대로 맨틀 암석들이 약한 성질을 가지기 때문이에요. 이상하죠?

학생들은 쉽게 이해하지 못했다. 맨틀은 암석이고 또 깊이 내려갈수록 더 단단해지는데 암석권보다 아래에 있는 맨틀이 어떻게 약할 수 있을까 궁금해했다.

여러분이 의문을 가지는 것은 너무나도 당연합니다. 맨틀 속은 지구 아래로 내려갈수록 더 단단해집니다. 하지만 연약 권은 그렇지 않다는 거예요. 연약권이 위치하는 깊이에서는 맨틀이 약간 녹거나 무르게 되는 현상이 일어납니다. 왜 그 럴까요? 이를 알기 위해서는 지구 내부의 온도 변화를 살펴 야 합니다.

지하로 내려갈수록 온도는 어떻게 되죠?

__온도가 올라가요.

맞아요. 지하로 갈수록 온도가 올라갑니다. 지하의 온도는 암석권의 깊이에서는 아주 급격하게 높아지고, 연약권의 깊 이가 되면 맨틀 물질이 거의 녹게 되는 온도에 도달합니다. 맨틀 물질은 자신이 녹는 온도, 즉 용융점에 이르면 조금씩 녹게 되는데 연약권의 깊이가 바로 여기에 해당하는 거예요. 하지만 온도가 용융점보다 크게 높지는 않기 때문에 전부 다

녹지는 않고 일부만 녹는 것이죠. 이것을 부분 용융이라고
한답니다.

연약권보다 더 깊은 장소에서는 지하의 온도가 그 깊이의
맨틀 물질의 용융점보다 낮아지기 때문에 더 이상 용융은 일
어나지 않습니다. 따라서 맨틀 내에서 부분적으로 녹아 있고
무르게 된 장소는 연약권밖에 없는 거예요.

이 연약권의 두께는 100~250km 정도일 것으로 생각해요.
연약권은 암석권과 더불어 지구 표면 운동을 조절하는 아주
중요한 역할을 합니다.

마지막으로 연약권 아래의 나머지 맨틀을 중간권이라 부릅
니다. 지구 표면 운동의 무대인 연약권까지의 깊이와 핵 사
이의 중간 부분이라는 뜻입니다.

여기서 또 하나 알아 두어야 할 구분은 맨틀을 상부와 하부

과학자의 비밀노트

모호면(모호로비치치불연속면)
모호면은 지각과 맨틀의 경계면으로 여기서 지진파의 속도가 갑자기 빠르
게 변화한다. 1909년에 지진학자 모호로비치치(Andrija Mohorovicic)가
발견한 것으로 깊이는 지역에 따라서 상당히 차이가 있고, 지각과
맨틀을 이루는 물질이 다르기 때문에 생기는 것이다.

로 나누는 것입니다. 상부 맨틀은 모호면이라 불리는 지각과 맨틀의 경계에서부터 약 400~700km의 깊이를 말하고, 하부 맨틀은 그보다 깊은 부분을 말합니다.

그러면 지금까지 나눈 층을 기준으로 지구 표면에 가까운 부분을 확대해서 볼까요?

월슨은 간단한 지구 표면의 단면을 그렸다.

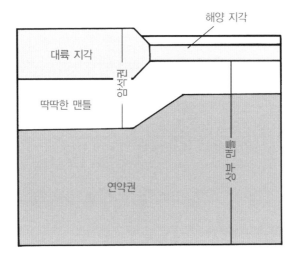

이 그림이 지금까지 설명한 부분을 정리한 거예요. 지각과 맨틀의 가장 상부를 합한 것이 암석권이고, 그 아래에 연약권이 있죠. 그리고 지각과 맨틀의 경계로부터 약 400~700km 의 깊

이를 상부 맨틀이라 부릅니다.

  새로운 구분이 낯설겠지만, 잘 기억해 두기 바랍니다. 이것은 앞으로 살아 움직이는 지구 표면의 모습을 이해하는 데 가장 기본적인 내용이 됩니다.

우리가 살고 있는 지구의 땅속 모양이 어떤지 알아?

땅속을 들어가 보지 않고서 어떻게 알겠어.

하하, 과학자들은 알아냈지요.

지구 내부는 지각, 맨틀, 핵으로 되어 있어요.

지각
맨틀
외핵
내핵

우리가 집을 짓고 사는 대륙의 땅은 대륙 지각, 바다 밑에 있는 땅은 해저 지각 또는 해양 지각이라고 부르지요.

대륙지각

해저지각

지각 아래가 맨틀인데, 지각보다는 무거운 물질로 되어 있죠. 보통 맨틀을 이루는 암석을 감람암이라고 하는데, 아주 치밀하고 무거운 암석이에요.

맨틀

핵은 액체의 성질을 가지는 외핵과 고체의 성질을 가지는 내핵으로 구분되는데, 외핵이 액체의 성질이라는 것을 잘 기억해 두기 바랍니다.

네, 꼭 기억하겠습니다.

그런데 과학자들은 지구의 내부를 조금 다른 방식으로 나누기도 해요. 지각과 맨틀을 암석권, 연약권, 중간권으로 나누는데, 아마 여러분에게는 조금 생소할 거예요.

암석권   중간권   연약권

외핵과 내핵은 그대로 두고, 지각과 맨틀만을 다시 나눈 이유는 지구의 표면 운동을 좀 더 자세하게 이해하기 위해서이므로 잘 기억해두도록 해요.

예!

2

지구 표면을 나눠요

지구 표면은 대륙 지각과 해양 지각으로 나뉩니다.
그리고 이것들은 조금씩 이동하면서 부딪치기도 합니다.
지각을 '판'이라고 부르는 이유가 여기에 있습니다.

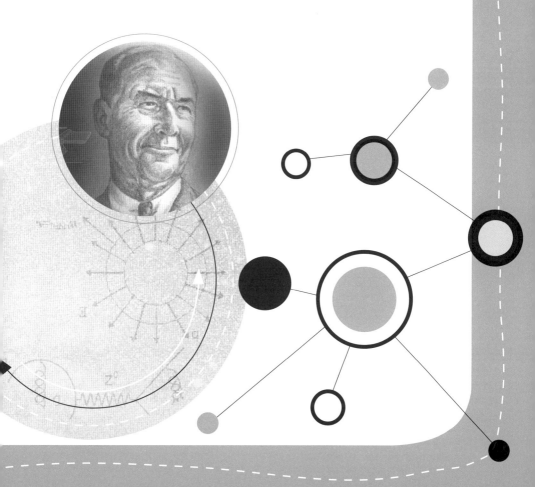

두 번째 수업

지구 표면을 나눠요

윌슨이 세계 지도를 보여 주며
두 번째 수업을 시작했다.

    이번 시간에는 지구 표면에 대해서 얘기하겠습니다. 먼저 세계 지도를 봐 주세요. 지구에는 커다란 대륙이 여러 개 있어요. 각 대륙의 이름을 말해 볼까요?

    __아시아 대륙, 유럽 대륙, 아프리카 대륙, 오세아니아 대륙, 북아메리카 대륙, 남아메리카 대륙, 남극 대륙이 있어요.

    여러분은《베게너가 들려주는 대륙 이동 이야기》에서 대륙이 판게아로부터 갈라지고 이동해서 지금과 같은 분포가 되었다는 것을 이미 배웠지요?

    대륙만 이동하는 것이 아니라 바다 아래의 지각, 즉 해양

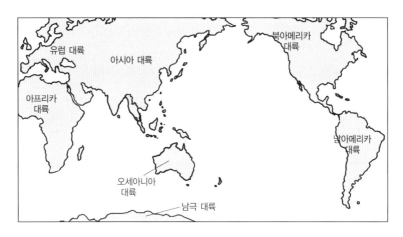

지각도 컨베이어 벨트처럼 이동한다고 배웠습니다. 그런데 각 대륙과 해양의 지각이 이동하는 속도와 방향은 조금씩 다릅니다. 그럼 지금부터 세계 지도 위에 여러 지각이 움직이는 속도와 방향을 표시해 보겠습니다.

윌슨은 세계 지도 위에 화살표들을 그려 넣었다.

오른쪽 페이지의 지도에서 화살표 방향은 각 지각이 움직이는 방향을 나타내고, 화살표의 크기는 이동하는 속도를 가리킵니다. 그러니까 화살표가 길면 이동 속도가 빠르고, 짧으면 느리게 움직이는 거예요.

이 지도에서 알 수 있듯이 여러 지각들은 이동하는 방향과

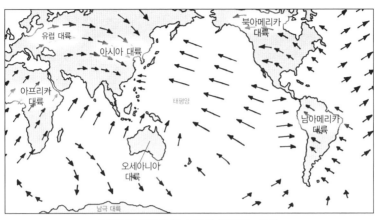

화살표의 방향은 각 지각의 움직이는 방향,
화살표의 크기는 이동하는 속도를 나타냄

속도가 다르고, 또한 어떤 곳에서는 화살표가 같은 방향으
로, 어떤 곳에서는 반대 방향으로 표시되어 있습니다. 말하
자면 지각에 따라서 이동하는 방향이 같을 수도, 다를 수도
있다는 거예요. 이 이야기는 다음 시간에 좀 더 자세하게 설
명할 것입니다.

이 지도에 또 하나를 표시해 볼게요. 전 세계에서 발생한
지진을 점으로 나타내는 것입니다.

월슨은 지도 위에 조그만 점들을 찍어 나갔다. 엄청나게 많은 지진
발생의 점들이 지도 위에 찍혔다. 학생들은 너무도 많은 지진이 일
어난다는 사실에 놀라 입을 다물지 못했다.

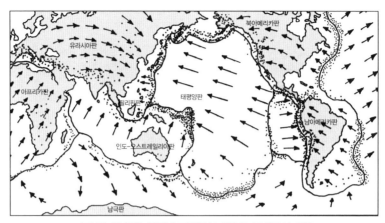

과거 몇 년 동안 일어난 지진들이 점으로 표시되어 있음

이 지도의 점들은 한 해 동안 일어난 지진이 아니라 과거 몇 년간 일어난 지진들을 모두 표시한 것입니다. 그렇다 해도 지진이 너무 많이 일어나죠.

지진이 발생한 장소의 점들을 자세히 보세요. 무엇이 보이나요?

＿점들을 연결시키니 어렴풋하게나마 어떤 윤곽들이 나타나는 것 같아요.

맞아요. 점들이 연결되는 곳에서 어떤 모양이 희미하게 나타나죠? 그런데 점들과 화살표의 방향을 함께 보세요. 무엇이 느껴지나요?

＿확실하지는 않지만 화살표의 방향이 반대되는 쪽에 점

들이 많이 찍히는 것 같습니다.

그래요. 전부는 아니지만 화살표 방향이 반대되거나 비스듬하게 어긋나는 쪽에 지진의 점들이 찍혀 있어요. 이것은 대체로 지각의 운동 방향이 다른 부분에서 지진이 발생한다는 것을 의미하는 거예요.

그러면 지진 발생의 점들을 연결해 볼게요.

모습이 좀 더 또렷해졌죠? 하나의 윤곽선으로 빙 둘러싸인 모양은 그 안에서 화살표의 방향이 모두 같습니다. 그러니까 하나의 모양을 이루는 지각은 동일한 이동 방향을 가지는 거예요.

다시 한 번 그림을 들여다보면 여러 모양의 경계선 위에 지진이 발생하고, 모양의 내부에는 지진이 거의 없습니다. 지진의 점들을 이어 만든 모양이니까 어쩌면 당연한 것이겠죠.

그런데 과학자들은 이렇게 만들어진 모양을 보고 고민하기 시작했어요. 이 모양들이 도대체 무엇을 의미하는지 말이에요. 하지만 곰곰이 생각한 끝에 해답을 찾았어요.

움직이는 단단한 두 물체를 생각해 봅시다. 두 물체가 가까이 접근해서 부딪친다고 할 때 충격을 가장 많이 받는 부분은 부딪친 경계입니다.

즉, 움직이는 지각의 경우도 마찬가지라고 생각한 거예요. 서로 반대 방향으로 움직이던 지각들이 부딪치는 곳에 지진이 발생한다고 말이죠. 그렇다면 지도에서 하나의 모양으로 나타나는 지각은 같은 방향으로 움직이다가 다른 방향에서 접근하는 다른 모양의 지각과 부딪칠 때 지진이 발생하게 된다는 것이죠.

따라서 윤곽이 그려진 하나의 모양은 정해진 이동 방향을 가지고 움직여 가는 하나의 지각을 뜻합니다. 그 지각은 대륙 지각일 수도, 해양 지각일 수도 있습니다. 그러니까 지각은 서로 이동하면서 부딪치기도 하는 거예요.

과학자들은 이와 같은 하나의 지각을 넓은 널빤지와 닮았다고 해서 '판'이라고 불렀어요. 판은 이동하고 서로 부딪쳐서 지진을 발생시킨다고 생각했습니다. 그리고 지도에 그려진 여러 모양의 판에 서로 다른 이름을 붙였답니다.

윌슨은 윤곽선을 좀 더 뚜렷하게 그리고, 그 안에 하나하나의 이름을 적어 나갔다.

여러분이 보고 있는 그림은 지구 표면에 분포하고 있는 판의 모습과 그 이름들입니다.

지구 표면은 여러 개의 판으로 나뉘게 됩니다. 그리고 이 판들이 이동하면서 여러 가지 현상을 일으키게 됩니다. 우리

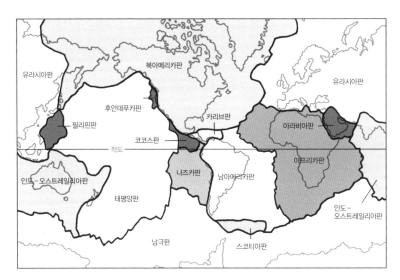

유라시아판
북아메리카판
유라시아판
후안데푸카판
카리브판
아라비아판
필리핀판
코코스판
적도
나즈카판
아프리카판
인도-오스트레일리아판
남아메리카판
태평양판
인도-
오스트레일리아판
남극판
스코티아판

는 대륙이 이동하고 해양 지각이 갈라지는 것으로 알고 있는
데, 좀 더 자세하게 말하면 판이 이동하고 있는 거예요.

판을 보면 어떤 판은 대륙을 짊어지고 있고, 어떤 판은 해
양 지각으로만 되어 있어요. 대륙을 가지는 판을 대륙판이라
하고, 해양 지각을 가지는 판을 해양판이라고 부르는 것이
죠. 한국이 위치한 유라시아판은 대륙판이고, 넓은 태평양을
둘러싼 태평양판은 해양판이 됩니다.

그런데 여기서 하나 조심할 것이 있습니다. 대륙과 해저가
이동하는 것과 판이 이동하는 것을 같은 현상이라고 생각해
서 대륙 지각과 해양 지각이 바로 판이라고 생각하면 안 됩니
다. 거기에는 2가지 이유가 있습니다.

첫 번째 이유는 대륙판의 모습에서 찾을 수 있습니다. 대륙판이 대륙 지각과 같지 않은 이유는 그림을 보면 분명한데, 대륙판을 자세히 보면 대부분 대륙 지각이지만 해양 지각도 포함되어 있습니다. 그러니까 대륙판이 곧 대륙 지각만은 아닌 것입니다.

두 번째 이유는 지각만이 움직이는 것이 아니라고 하는 것입니다. 실제로 움직이는 것은 지각과 가장 상부의 맨틀이 합쳐진 암석권이 움직이는 것입니다.

__그런데 선생님, 대륙이 이동한다, 또 해저가 갈라진다고 표현하면 대륙 지각과 해양 지각이 움직이는 것인데 왜 지각이 움직이는 것이 아니라는 건가요?

아니에요. 지각이 안 움직이는 것이 아니라 지각도 움직이지만 그 아래 있는 맨틀도 함께 움직인다는 것입니다. 그래서 암석권이 움직인다고 표현한 거예요. 암석권은 그 아래 있는 무른 연약권 위에서 움직입니다. 암석권이 움직이면 당연히 그것에 포함된 지각도 움직이는 것이고요.

그제야 학생들은 알겠다는 표정을 지었다. 지각도 움직인다. 그런데 그 아래 있는 맨틀과 함께 움직인다. 마치 사람이 뗏목을 타고 강을 건너고 있으면, 사람만 건너는 것이 아니라 뗏목도 같이 움직이는 것처럼 말이다. 사람이 지각이라면 뗏목은 바로 아래의 맨틀이다. 사람을 실은 뗏목은 암석권이고, 강물은 연약권이 되는 것이다.

판이 움직인다는 것은 바로 암석권이 움직인다는 것이에요. 그러니까 판과 암석권은 같은 것이라 할 수 있죠.

＿선생님 판과 암석권이 같은 것이라면 왜 하나로 부르지 않나요?

그건 말이죠. 확실한 대답이 없다고 해도 좋습니다. 생각해 보면 암석권은 지구 겉에서 맨틀의 바닥까지 암석권, 연약권, 중간권 등의 새로운 층으로 나눌 때 사용하는 구분입니

다. 하지만 지구 표면에서 무엇이 움직인다고 할 때는 운동을 나타내죠. 운동하는 물체를 부를 때는 '암석권' 대신 '판'으로 부르는 것이 보통이에요.

앞으로도 우리는 판이 이동한다, 판이 부딪친다와 같은 표현을 쓸 텐데, 이동하고 부딪치는 것은 지각뿐만이 아니라 가장 상부의 맨틀을 포함하는 암석권임을 명심하기 바랍니다.

지구의 내부 모습을 봤으니 이제 지구 표면이 어떻게 움직이고 있는지 살펴볼까요?

표면이 움직인다고요?

이것은 지구 표면에 분포하고 있는 판의 모습과 그 이름들입니다. 대륙이 이동하고 해양 지각이 갈라지는 것은, 이 판들이 이동하면서 일으키는 현상이지요.

판 중에서 대륙을 짊어지는 판을 대륙판이라 하고, 해양 지각을 가지는 판을 해양판이라고 부르죠. 한국이 위치한 유라시아판은 대륙판이고, 넓은 태평양을 둘러싼 태평양판은 해양판이 됩니다.

대륙판을 자세히 보면 해양 지각도 조금 포함되어 있어요. 그러니까 대륙판이 곧 대륙 지각인 것은 아니죠. 그리고 지각이 움직이는 것은 지각과 상부의 맨틀이 합쳐진 암석권이 움직이는 것입니다.

그런데 선생님, 대륙이 이동하고 해저가 갈라진다고 표현하면 대륙 지각과 해양 지각이 움직이는 것인데, 왜 지각이 움직이는 것이 아니라는 거죠?

지각도 움직이지만 그 아래 있는 맨틀도 함께 움직이기 때문이죠. 그래서 암석권이 움직인다고 표현한 거예요.

아~, 사람이 뗏목을 타고 강을 건너면, 사람만 건너는 것이 아니라 뗏목도 같이 움직이는 것처럼 말이죠?

맞아요. 그러니까 판과 암석권은 같은 것이라 할 수 있죠.

3

판들이 서로 인사해요

판들은 움직이는 방향과 속도가 제각각이라, 그 경계에는 여러 가지 현상이 일어납니다.
판의 이동에 대해 알아봅시다.

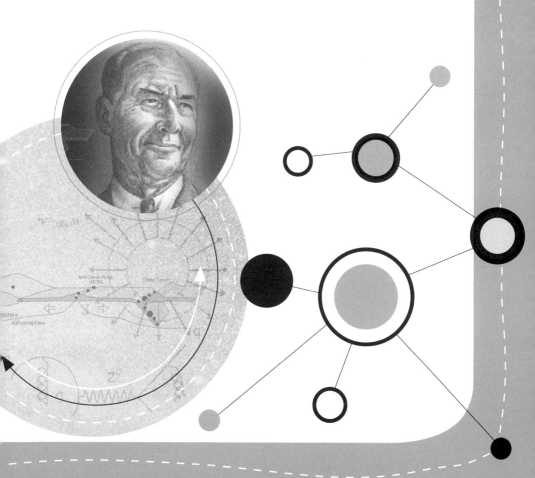

3

판들이 서로 인사해요

월슨이 판들의 만남, 헤어짐,
스쳐 지나감에 대한 주제로
세 번째 수업을 시작했다.

지구 표면을 이루고 있는 커다란 수십 개의 판들은 제각기
움직이는 방향과 속도가 다릅니다. 지난 시간에 판들의 이동
방향을 그림으로 확인했죠?

__네, 선생님. 정말 신기했어요.

그래요. 어떤 판들은 이동 방향이 같기도 하고, 어떤 판들
은 다르기도 합니다. 이렇게 판들이 서로 이동하는 방향을
구분해 보면 크게 3종류가 있습니다.

월슨은 칠판에 판들의 이동 모습을 그리기 시작했다.

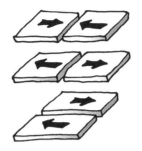

　지금 그린 3개의 그림은 두 판 사이의 이동을 나타내고 있습니다. 두 판 사이의 관계이기 때문에 판의 상대적 이동이라고 부릅니다. 먼저 제일 위의 그림을 보세요. 두 판이 서로 접근하면서 '안녕, 반가워요'라고 인사하는 듯합니다. 다시 말해 두 판이 서로 가까워지고 있죠. 판들이 이루는 경계에서 이처럼 서로 접근하고 있는 경우를 수렴 경계라고 해요. 수렴이라는 말은 한 곳을 향해 모인다는 뜻이에요.

　두 번째 그림은 두 판이 서로 멀어지고 있어요. '잘 가세요'라고 인사하는 듯합니다. 멀어지는 두 판이 이루는 경계는 발산 경계라고 합니다. 두 판 사이의 틈이 벌어지기 때문이죠.

　마지막 그림에는 두 판이 서로 비스듬히 어긋나고 있어요. '어이쿠, 죄송해요'라고 하면서 스쳐 지나고 있어요. 이때의 경계를 보존 경계라고 합니다. 두 판의 경계가 가까워지지도, 멀어지지도 않은 채 그냥 있기 때문이에요.

이번에는 두 판들의 상대적인 모습을 좀 더 구체적으로 그려 보기로 하죠.

윌슨은 판 이동의 모습을 입체적으로 그리기 시작했다.

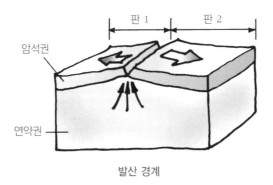

발산 경계

이번에는 판으로 이동하는 암석권과 그 아래의 연약권까지 그렸습니다. 이 그림에서 두 판, 즉 판 1과 판 2의 관계를 주의 깊게 살펴보기 바랍니다.

2개의 판은 가운데 중심으로부터 서로 멀어지고 있습니다. 멀어지고 있는 판은 사실 지구 표면층인 암석권이라고 얘기했었죠? 두 판이 멀어지면서 그 사이는 벌어지게 되는데, 이런 경계를 발산 경계라고 부른다고 했어요.

발산 경계가 생기는 이유는 그림에서도 알 수 있듯이 암석권 아래의 맨틀, 즉 연약권에서 올라오는 상승류가 암석권을 찢어 놓기 때문입니다. 이 맨틀의 흐름은 경계부에서 좌우로 흘러가며 양쪽의 암석권, 즉 두 판을 이동시키는 것이지요.

발산 경계는 많은 경우 해저에서 발견됩니다. 하지만 대륙 내부에서 발산 경계가 발견되기도 하죠.

여기서 여러분이 살펴야 하는 또 하나의 현상은 발산 경계의 중심부에서 일어나는 맨틀의 상승류가 암석권을 들어 올린다는 것입니다. 해저의 발산 경계에서는 이런 식으로 해양 지각이 높아져 있고, 이런 높은 지형을 해령이라고 부른답니다. 해령에서 상승한 맨틀 물질이 해양 지각을 만들게 되는 것이고요.

해령은 마치 산맥처럼 솟아 있지만 중심부에는 깊은 골짜기도 존재합니다. 솟아오른 지각이 양옆으로 확장되면 빈 공간이 생기게 되요. 바로 그곳이 골짜기가 되고 열곡이라고 부른답니다.

자, 이번에는 수렴 경계에 대해 설명할게요.

월슨은 칠판에 또 다른 그림을 그렸다. 앞의 그림과는 판의 이동 방향이 반대였다.

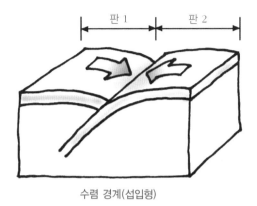

수렴 경계(섭입형)

수렴 경계란 두 판이 서로 가까워지는 경계라고 얘기했죠? 여기 그림에서도 두 판의 이동 방향이 서로 반대임을 쉽게 알 수 있어요. 그런데 세계의 여러 곳에서 확인되는 수렴 경계는 크게 2가지 모습이 있답니다.

그림에서 두 판이 서로 가까이 접근했는데 이상하게도 하나의 판, 즉 판 2가 판 1의 아래로 내려가고 있어요. 수렴 경계 중에서 이런 모습을 섭입형 경계라고 불러요.

__ 선생님, 판이 서로 만나 부딪친다는 것은 알겠지만, 어떻게 가라앉을 수 있나요?

그래요. 판이, 다시 말해 암석권이 가라앉는다는 사실이 쉽게 그려지지 않죠. 두 판이 만나 어느 한쪽이 가라앉는 현상은 만나는 두 판의 성질이 달라서 그렇습니다. 성질이라고 하는 것은 바로 판의 밀도를 말합니다. 좀 더 무거운 판이 가벼운 판 아래로 섭입되는 거예요.

무거운 물질이 가벼운 물질 아래로 파고드는 현상은 공기와 물의 경우에 아주 뚜렷하게 나타납니다. 차가운 공기가 더운 공기 아래로 파고드는 것이나, 찬물이 더운물 아래로 내려가는 현상처럼, 지구 표면의 암석권 역시 무거운 쪽이 가벼운 쪽 아래로 내려갑니다.

__선생님, 그럼 판 중에 무거운 판과 가벼운 판이 있다는 얘기인가요?

맞아요. 판에는 무거운 것과 가벼운 것이 있습니다. 이미 판을 배워서 알겠지만, 판은 지각과 그 바로 아래의 상부 맨틀로 이루어집니다. 그리고 이 판은 맨틀 위에 놓인 대부분의 지각이 대륙 지각이냐 해양 지각이냐에 따라 대륙판과 해양판으로 나뉜다고 설명했죠. 여기서부터 차이가 생깁니다.

대륙 지각은 해양 지각보다 가볍습니다. 따라서 대륙판은 전체 크기로 보면 엄청나지만 판의 주변부에서는 해양판보다 가볍게 됩니다. 따라서 해양판이 대륙판 아래로 침강하는 것입니다. 많은 경우 지구 표면에서는 해양판이 대륙판 아래로 침강하는 모습이 뚜렷하게 나타납니다.

그런데 잠깐, 여기서 또 하나 조심할 것은 해양판이 다른 해양판 아래로 침강할 수도 있다는 거예요.

__선생님, 해양판과 대륙판의 주변은 분명 밀도 차이 때문에 해양판이 침강한다는 것은 이해가 되는데, 해양판끼리는 밀도 차이가 없는 것 아닌가요?

당연합니다. 보통 해양판들은 큰 차이가 없을 테지요. 그러나 해양판을 이루는 지각은 시간이 오래 지날수록 더 차가워지고 결국 더 무거워집니다. 비록 현재 지구의 모든 해양 지각의 나이가 2억 년보다 젊다고 해도 해양판 사이에는 분명 나이 차이가 존재합니다. 그리고 무게의 차이도 나타나고요. 결국 더 오래되고 더 무거워진 해양판은 상대적으로 젊고 가벼운 해양판 아래로 침강합니다.

앞에 나온 그림을 다시 한 번 보죠. 두 판이 만나 하나의 판이 다른 판 아래로 내려갑니다. 그런데 그 경계부가 표면보다 조금 깊어진 것이 보이나요?

그렇습니다. 두 판이 서로 접근하여 섭입형 경계를 이루는 곳에서는 표면보다 아주 깊은 골짜기가 생기는데, 이런 지형을 해구라고 합니다. 섭입형 수렴 경계의 대표적인 지형이죠.

지금까지 두 판이 서로 가까워지는 수렴 경계 중에서 섭입형 경계를 설명했는데, 수렴 경계에는 또 다른 모습이 하나 더 존재합니다.

월슨은 다시 그림 하나를 그리기 시작했다. 그런데 이번에는 판이 침강하지 않았다.

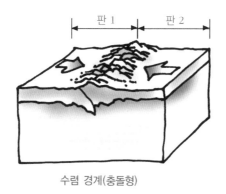

수렴 경계(충돌형)

여기에 또 하나의 수렴 경계가 있습니다. 이 경계는 서로 접근하던 두 판이 서로 충돌하여 만들어진 것입니다. 두 판 중의 어느 하나가 다른 판 아래로 침강하지 않습니다. 오로지 충돌할 뿐입니다. 그래서 충돌형 경계라고 부르는 것이지요.

왜 어떤 것은 침강하고 어떤 것은 충돌하는지, 학생들은 그 까닭을 궁금해했다.

왜 접근한 두 판이 침강하는 것이 아니라 충돌하는지 궁금하죠? 침강 경계가 생기는 이유는 지각들의 밀도 차이에서 비롯된다고 했어요. 그런데 이번에는 접근하여 부딪친 두 지각이 모두 대륙 지각이랍니다. 서로 두껍고, 또 서로 가볍고 해서 어느 한쪽이 다른 쪽 아래로 내려갈 수 없게 된 거예요. 결국 부딪치면서 하늘 높이 솟구치기만 한 것이죠.

＿그럼 대륙판끼리 부딪치면 충돌하고, 그 경계부가 높아지는 것인가요?

맞습니다. 이 충돌 경계는 대륙판끼리 서로 접근하여 부딪칠 때 생기는 특징적인 경계랍니다. 이 경계부에 생기는 것이 무엇인지 알겠어요?

＿습곡 산맥이요.

아주 잘 맞혔어요. 충돌 경계를 대표하는 것이 바로 습곡 산맥이랍니다. 우리가 너무나도 잘 아는 히말라야 산맥은 바로 이렇게 만들어진 거예요. 유라시아 대륙과 인도 대륙이 충돌해서 그 경계부에 히말라야 산맥이 만들어진 것이랍니다.

그런데 말이에요. 충돌하고 모든 것이 끝나는 게 아니랍니다. 좀 더 자세하게 설명하자면, 판 위의 대륙 지각끼리는 충돌해서 높아졌지만 지각 아래의 맨틀 부분은 계속 움직이고 있어요. 한쪽이 다른 쪽으로 계속 파고들고 있답니다. 이런 운동이 계속되는 한 습곡 산맥은 계속 솟구쳐 오릅니다.

그렇다면 습곡 산맥은 얼마나 높게 솟구쳐 오를 수 있을까요? 무한정 높아질 수는 없습니다. 이미 여러분이 베게너 선생님과 대륙 이동에 대하여 공부할 때 '지각 평형'에 대해 배웠겠지만, 대륙 지각은 아래위로 균형을 이룹니다. 높아지기 위해서는 맨틀 쪽의 뿌리도 깊어야 하겠죠. 이 뿌리가 깊어진다면 습곡 산맥의 높이도 더 높아질 수 있을 겁니다.

자, 이제 판 경계의 마지막 모습을 보기로 합시다.

월슨은 지금까지와는 다른 그림 하나를 그렸다. 판의 이동 방향이 어긋나 있다.

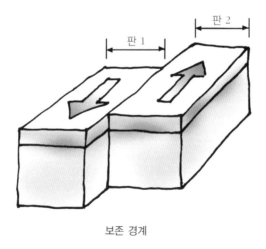

보존 경계

이 그림에서 두 판은 서로 비스듬히 어긋난 운동을 하고 있습니다. 서로 접근하지도 않으며, 또 서로 멀어지지도 않죠. 그래서 보존 경계라고 부르는 것입니다. 이 경계는 두 판이 서로 어긋난 방향으로 쪼개질 때 생기는 것이랍니다.

지구 표면의 땅들이 깨어질 때 생기는 지형의 모습을 '단층'이라고 합니다. 이 보존 경계는 단층의 모습을 하고 있습니다. 그러나 우리가 보통 알고 있는 단층과는 아주 다르답니다.

보존 경계는 다른 표현으로 '변환 단층'이라고도 하는데, 이 이야기는 다음 시간에 이어서 하기로 하겠습니다.

선생님, 그럼 판들은 구체적으로 어떻게 움직이죠?

판들이 서로 이동하는 방향을 구분하면 크게 3종류가 있답니다.

이 경우에는 두 판이 서로 가까워지고 있죠? 판들이 이루는 경계에서 이처럼 서로 접근하고 있는 경우를 수렴 경계라고 해요.

수렴 경계

이번에는 두 판이 서로 멀어지고 있죠? 이렇게 멀어지는 두 판이 이루는 경계는 발산 경계라고 하지요. 두 판 사이의 틈이 벌어지기 때문이죠.

암석권

연약권

발산 경계가 생기는 이유는 연약권에서 올라오는 상승류가 암석권을 찢어 놓기 때문이죠. 다시 말해 맨틀의 흐름이 경계부에서 좌우로 흘러가며 두 판을 이동시키는 것이지요.

이번에는 두 판이 서로 비스듬히 어긋나고 있어요. 이때의 경계를 보존 경계라고 합니다. 두 판의 경계가 가까워지지도, 멀어지지도 않은 채 그냥 있기 때문이지요.

수렴 경계(섭입형)

세계의 여러 곳에서 확인되는 수렴 경계는 두 판이 서로 반대 방향으로 이동하고 있죠. 이러한 수렴 경계 중 하나의 판이 다른 판 아래로 내려간 것을 섭입형 경계라고 해요.

수렴 경계(섭입형)

선생님, 판이 서로 만나 부딪친다는 것은 알겠는데 어떻게 가라앉는 건가요?

그건 두 판의 밀도가 달라서 그렇답니다. 좀 더 무거운 판이 가벼운 판 아래로 침강하는 것이죠.

4

밤새 **오렌지 나무**가 **어긋났네요**

단층에 대해 알아봅시다. 육지의 일반 단층의 모습과
해양 지각의 이동, 변환 단층의 모습은 어떻게 다를까요?

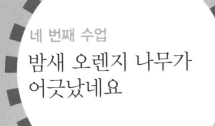

네 번째 수업

밤새 오렌지 나무가
어긋났네요

월슨이 지난 시간에 배운
내용을 정리하며
네 번째 수업을 시작했다.

지난 시간 배운 판의 경계에 대한 내용을 복습했나요?

복습이란 말에 학생들은 고개를 떨어뜨렸다.

하하, 괜찮아요. 잠시 정리하고 넘어갈게요. 판의 경계에는
기본적으로 3가지 종류가 있다고 했죠. 서로 멀어지는 발산
경계, 서로 가까워지는 수렴 경계, 그리고 비스듬히 스쳐 지
나가는 보존 경계 말이에요. 그런데 수렴 경계에는 다시 섭
입형 경계와 충돌형 경계가 있다고 했어요. 기억나죠?

__ 네!!!

대답하는 학생들의 표정이 금세 밝아졌다.

지난 시간에 보존 경계에 대한 자세한 내용을 모두 설명하지 못했어요. 오늘은 그 내용부터 시작하기로 합시다. 다음 사진을 보세요.

여러분이 보고 있는 이 사진은 미국 캘리포니아 주에 있는 오렌지 농장의 모습입니다. 이 농장에는 오렌지 나무들이 가지런히 심어져 있어요. 그런데 이상한 부분이 없나요?

학생들은 오렌지 농장의 사진 속에서 이상한 부분을 찾으려고 애썼다. 그러고 보니 사진 가운데 부분에 오렌지 나무들이 약간 비뚤게 심어져 있었다.

아주 가지런히 심어진 오렌지 나무들이 가운데 부분에서 약간 비뚤어져 있죠? 좀 더 신경 써서 심었더라면 오렌지 나무의 줄이 아주 반듯했을 텐데 말이에요. 여러분이라면 이렇게 비뚤게 심지는 않았겠죠?

고개를 끄덕이는 학생들의 모습을 보고 윌슨은 크게 웃으며 말을 이었다.

그런데 그게 아니랍니다. 농부들이 실수로 오렌지 나무를 비뚤게 심은 것이 아니란 얘기예요. 원래 농부들은 아주 반듯하게 오렌지 나무를 심어 놓았어요. 하지만 어느 날 갑자기 줄이 비뚤어져 버린 것이랍니다.

즉, 농부들이 비뚤게 심은 것이 아니라, 오렌지 농장의 가운데 땅이 서로 반대 방향으로 움직여 버린 거예요. 땅이 움직여서 오렌지 나무의 줄이 비뚤어지게 된 것이죠.

땅이 서로 반대 방향으로 움직여 경계가 생기는 것을 단층이라고 합니다. 단층을 만드는 운동이 생기면 땅은 아래위로 수직 이동을 할 수도 있고, 좌우로 수평 이동을 할 수도 있습니다. 오렌지 농장의 경우 좌우로 이동한 수평 이동의 경우랍니다.

월슨은 칠판에 수평 이동을 하는 단층의 그림을 그렸다.

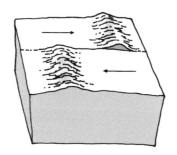

이 그림은 수평 이동 단층의 그림입니다. 단층을 경계로 양쪽의 땅이 반대쪽으로 움직인 것이 보이죠. 이런 단층은 육지에서 흔히 발견되는 것으로 오렌지 농장의 경우도 이런 단층이겠거니 하고 사람들은 생각했어요.

그런데 과학자들이 자세히 조사해 보니 오렌지 농장의 단층은 이런 육지의 일반적인 단층과는 다르다는 것을 알게 되었지요. 과연 무엇이 달랐을까요? 그러나 오렌지 나무의 비뚤어진 줄만 가지고서는 그 차이를 확인할 수 없습니다.

좀 더 커다란 규모로 보지 않으면 차이를 알 수 없어요. 적어도 북아메리카와 그에 인접한 태평양을 통틀어 보지 않으면 알 수 없다는 얘기입니다.

윌슨은 북아메리카의 태평양 연안을 그리고, 그 안에 여러 가지 선을 복잡하게 그려 넣었다.

앞 페이지의 그림에서 미국 캘리포니아 주와 그 대표적인 도시 로스앤젤레스, 샌프란시스코를 찾을 수 있죠? 그리고 두 도시 부근을 지나는 긴 단층선을 볼 수 있을 거예요. 이 단층은 그 길이만 해도 1,000km가 넘는데, 남동쪽은 로스앤젤레스를 거쳐 캘리포니아 만으로, 북서쪽은 샌프란시스코를 거쳐 태평양으로 연결되고 있어요.

이 거대한 단층을 산안드레아스 단층이라고 부른답니다. 지구에서 가장 긴 단층 중의 하나죠.

월슨은 약간 우쭐거리는 모습으로 말을 이어 갔다.

나는 이 단층의 연장을 계속 추적했어요. 이 단층이 육지에서 발견되는 보통의 단층과 다르다면 어딘가 차이가 있음이 분명했지요. 그런데 산안드레아스 단층이 지나가는 육지에서는 어떤 차이도 발견할 수 없었답니다.

이번에는 산안드레아스 단층이 바다로 이어지는 캘리포니아 만과 태평양 쪽에 주목했죠. 그런데 정말 이상한 점이 발견되었습니다. 단층이 바다에서 해령을 만나는 것이었습니다.

월슨은 조금 흥분한 듯 목소리가 커졌다.

우리가 함께 공부했듯이 해령은 바다에서 해양 지각을 만드는 곳입니다. 그리고 판이 서로 멀어지는 발산 경계의 지형이기도 하고요. 그렇다면 단층이 해령을 만난다는 사실을 어떻게 설명할 수 있을까요? 이것이야말로 산안드레아스 단층이 육지의 보통 단층들과는 다른 아주 결정적인 증거라고 생각한 것입니다.

계속된 조사에서 산안드레아스 단층 같은 특별한 단층은 해령과 해령 사이에 존재한다는 사실이 밝혀졌어요. 다시 말해 이런 단층은 해령과 해령 사이에 만들어지는 단층이었던 것이죠.

결국 산안드레아스 단층은 해령에서 갈라져 나와 먼 거리를 이동하고 다시 해령과 만나는 그런 단층이었죠. 해령이 단층으로, 그리고 단층에서 다시 해령으로 이어지는 모습이었어요.

그래서 나는 이런 단층을 변환 단층이라고 이름 붙이게 되었습니다. 이 변환 단층이 바로 지난 시간에 배웠던 보존 경계입니다.

변환 단층은 분명 육지의 보통 단층과는 다릅니다. 육지의 보통 단층들은 결코 해령과 만나질 않죠. 그런데 두 단층의 차이는 이것만이 아니랍니다.

월슨은 땅의 움직임이 서로 다른 2개의 그림을 그리기 시작했다.

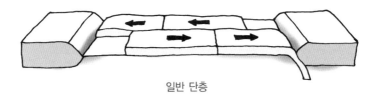

일반 단층

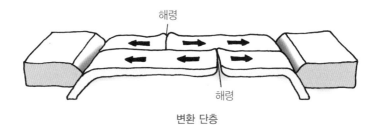

변환 단층

위에 그려진 일반 단층의 그림을 보세요. 아래위의 땅들이 서로 다른 방향으로 이동하고 있는 육지의 일반적인 수평 이동 단층입니다. 여기서 주목해야 할 것은 2가지입니다.

하나는 두 땅의 이동이 항상 반대라는 것이죠. 또 하나는 땅이 이동하기 때문에 이동한 땅의 뒷부분에 빈 공간이 생긴 다는 거예요. 이것이 육지의 일반 단층들의 모습이랍니다.

이번에는 아래 그림을 보세요. 위쪽의 일반 단층과는 다른 변환 단층의 그림입니다. 마찬가지로 2가지 점에 주목해 봅시다. 아래위의 땅들이 화살표 방향으로 움직이고 있습니다. 그런데 이상한 것은 움직임의 방향이 반대인 것 같은 것도 있어요.

땅이 서로 반대로 움직이는 장소는 해령과 해령 사이에 있습니다. 그러나 두 해령을 벗어나면 땅의 움직임이 서로 같아져요. 육지의 단층과 아주 다르죠.

과학자의 비밀노트

해령

해령은 주위의 해양 분지보다 높이가 2,500~3,000m 솟아오른 대규모의 해저 산맥으로 지각이 만들어지는 장소이다. 이렇게 해령에서 만들어진 지각은 해령을 중심으로 서로 반대 방향으로 확장되어 나간다.

또 하나, 땅이 이동한 뒤 공간을 보세요. 육지의 단층은 이동한 땅의 뒷부분에 빈 공간이 생겼죠. 그런데 변환 단층의 경우 빈 공간이 생기지 않습니다. 왜냐하면 해령에서 끊임없이 해양 지각을 만들고 있어 빈 공간이 생길 틈이 없기 때문입니다.

윌슨은 학생들의 이해를 돕기 위해 해양 지각의 이동과 변환 단층의 모습에 대한 그림을 하나 더 그렸다.

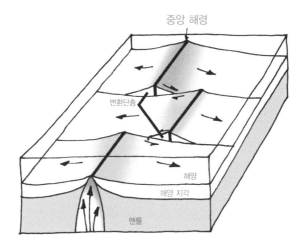

아마 지금 보여 주는 이 그림에서 여러분은 해양 지각의 이동과 변환 단층의 모습을 좀 더 쉽게 이해하리라 생각해요.

변환 단층은 해령들 사이의 움직임이 반대인 곳에서 만들어집니다. 단층 주변의 땅, 즉 해양 지각의 움직임은 해령과 해령 사이에서는 반대이지만, 해령들을 벗어나면 같아집니다. 그것은 끊어진 해령들을 벗어난 장소에서 해양 지각이 확장되어 가는 방향이 동일하기 때문입니다.

여러분이 이미 《베게너가 들려주는 대륙 이동 이야기》에서 공부했듯이, 해양 지각은 해령을 중심으로 서로 반대 방향으로 확장되어 갑니다. 하지만 지구 해양에 분포하는 해령의 축은 항상 연속적이지 않고 끊어져 있습니다. 끊어진 해령과 해령 사이에서 해양 지각의 움직임이 반대가 되는데, 여기에 변환 단층이 생겨난 것입니다.

월슨은 해저의 지형이 찍힌 사진 한 장을 보여 주었다.

여러분이 보고 있는 이 사진은 적도 부근에 위치한 태평양 동쪽의 해저 지형입니다. 해저에는 아래위로 해저 산맥 같은 것이 있죠. 이것이 바로 태평양의 해령들입니다. 그런데 어때요? 해령들이 아주 반듯하게 줄지어 있나요?

아니죠. 해령들은 뚝뚝 끊어져 있습니다. 해령들을 좌우로

끊고 있는 선들이 단층이고, 이 단층이 바로 변환 단층입니다. 그러니까 해저에는 무수히 많은 변환 단층이 존재하는 것이지요.

변환 단층은 대부분 해저에 존재합니다. 그 이유는 해령이 바로 해저에 있기 때문이죠. 그러나 캘리포니아 주의 오렌지 나무들을 비뚤어지게 만든 산안드레아스 단층은 육지에 있죠. 산안드레아스 단층은 변환 단층이 육지에 나타나는 아주 드문 예랍니다. 신기한 경우죠.

＿선생님, 변환 단층은 어느 정도 알겠지만, 왜 해령이 끊어져야 하는지 잘 모르겠어요.

당연한 의문입니다. 해령들이 왜 끊어져 변환 단층이 생기는 것일까요?

답을 먼저 말하자면, 그것은 지구의 표면이 평면이 아니라 둥근 구면이기 때문입니다.

해령에서 생겨난 해양 지각은 해령을 축으로 하여 양쪽으로 이동한다고 했죠. 그런데 해양 지각이 움직이는 면은 평면이 아니라 구면이지요. 평면에서 움직이는 것과 구면에서 움직이는 것은 차이가 있어요.

이렇게 생각해 봅시다. 5cm 정도 두께의 약간 딱딱해진 점토를 양쪽으로 잡아당겨 보죠. 책상 위에 점토를 놓고 양쪽으로 편평하게 당기면 그냥 조금씩 늘어납니다. 점토의 위와 아래가 동일한 정도로 늘어나는 것이죠.

평평하게 잡아당기기   늘어남

이번에는 점토의 양끝을 쥐고 공중에서 둥글게 휘면서 잡아당겨 봅시다. 그러면 점토가 늘어나지만 표면에 갈라지는 틈들이 생기게 됩니다. 그것은 점토의 위와 아래에서 휘어지는 정도가 틀리기 때문이에요.

둥글게 휘면서 잡아당기기   틈이 갈라짐

해양 지각도 마찬가지입니다. 해령에서 만들어진 해양 지각은 양쪽으로 이동하는데, 이동시키는 중심이 지구 내부에 있습니다. 하지만 지구의 표면이 둥글기 때문에 모든 장소에

서 이동하는 정도가 똑같지 않습니다. 다시 말해 해양 지각의 이동하는 속도에 차이가 생긴다는 말입니다. 그렇게 되면 해양 지각은 해령에 수직한 방향으로 쪼개지게 되는 거예요. 이 쪼개진 면이 바로 변환 단층이 되는 것입니다.

윌슨은 둥근 지구 표면에서의 해양 지각의 이동과 변환 단층을 그렸다.

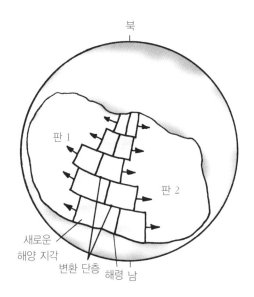

둥근 지구 표면에서 해양 지각들이 이동하면서 쪼개지는 것, 이것이 바로 변환 단층이 생기는 이유입니다. 그리고 변

환 단층을 이해하면서 우리는 지구의 운동을 조금 더 자세하게 알게 된 것입니다.

월슨이 발견하고 정리한 변환 단층은 판 구조론을 완성시키는 데 아주 중요한 과학적 업적이 되었다.

선생님, 땅이 움직인 모습을 직접 볼 순 없나요?

물론 있죠.

어떻게요?

이 사진을 보면 가운데 오렌지 나무들이 약간 비뚤게 심어져 있죠? 이것은 농부들이 비뚤게 심은 것이 아니라, 농장의 가운데 땅이 서로 반대 방향으로 움직여 그런 겁니다.

땅이 서로 반대 방향으로 움직여 경계가 생기는 것을 단층이라고 해요. 단층을 만드는 운동이 생기면 땅은 수직 이동을 할 수도 있고, 수평 이동을 할 수도 있어요. 사진의 농장은 수평 이동의 경우에 해당하는데, 일반적인 단층과는 조금 다릅니다.

네? 뭐가 다른가요?

샌프란시스코

로스 앤젤레스

농장 주변을 확장해서 그리면 산안드레아스 단층에 속한다는 걸 알 수 있어요. 이 단층은 바다에서 해령을 만난답니다.

즉, 이 단층은 해령과 해령 사이에 만들어지는 것으로 변환 단층이라고 합니다.

변환 단층이요?

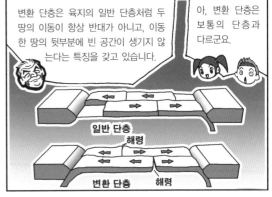

변환 단층은 육지의 일반 단층처럼 두 땅의 이동이 항상 반대가 아니고, 이동한 땅의 뒷부분에 빈 공간이 생기지 않는다는 특징을 갖고 있습니다.

아, 변환 단층은 보통의 단층과 다르군요.

일반 단층

해령

변환 단층   해령

판은 왜 움직이나요?

판들은 대류하고, 그 위의 판은 맨틀의 흐름을 타고 이동합니다.
그 과정에서 판을 이동시키는 힘이 어떻게 만들어지는지 알아봅시다.

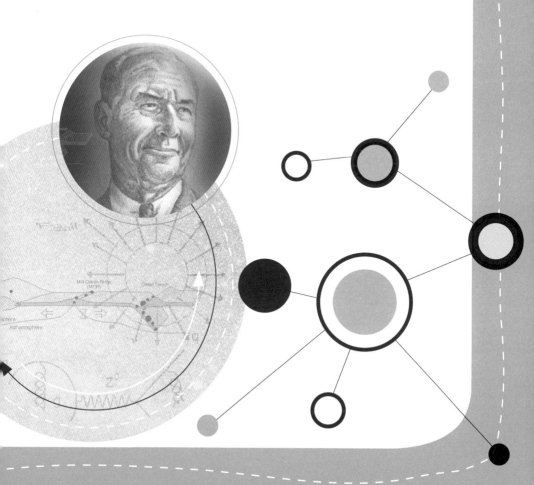

5

윌슨이 활기찬 표정으로
다섯 번째 수업을 시작했다.

지구의 표면을 덮고 있는 판은 움직입니다. 그러니까 서로
가까워지기도, 멀어지기도 하는 것이죠. 그렇다면 판은 왜
움직이는 것일까요?

이 문제는 20세기 초반으로 거슬러 올라가는 아주 오랜 골
칫거리였습니다. 그것은 '대륙이 왜 움직이는 것인가'에 대한
문제였죠. 여러분은《베게너가 들려주는 대륙 이동 이야기》
에서 자세히 공부한 적이 있을 겁니다.

베게너(Alfred Wegener, 1880~1930)가 대륙 이동에 대해 이
야기했을 때, 많은 과학자들은 거대한 대륙이 어떻게 이동할

수 있는지를 설명하라고 했어요. 그러나 베게너는 자신을 반
대하는 사람들의 주장에 과학적인 해답을 줄 수 없었어요.

나중에 홈스(Arthur Holmes, 1890~1965)가 맨틀 대류설
을 주장하여 대륙 아래의 맨틀이 대류함으로써 그 위의 대
륙도 이동할 수 있음을 설명했지만 그 설명이 받아들여지기
까지는 많은 시간이 걸렸습니다.

판이 왜 움직이는지 역시 같은 문제입니다. 함께 생각해 봅
시다. 판은 왜 움직일까요?

윌슨은 칠판에 과거 홈스가 그렸던 맨틀 대류의 그림을 차례로
그렸다.

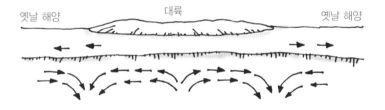

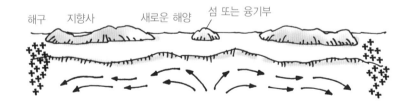

여러분은 이 그림에 익숙하죠? 베게너 선생님과 공부할 때 보았던 홈스의 맨틀 대류에 대한 그림이에요. 판이 왜 움직이는가를 알기 위해서는 우선 이 그림에 대한 이해가 기본입니다.

홈스의 그림에서 보면 커다란 대륙 아래로 가열된 맨틀이 상승합니다. 이 흐름에 의해 대륙이 옆으로 갈라지게 되는 것이죠. 맨틀이 수평으로 흐를 때 대륙은 좌우로 이동하게 되는데, 이때 대륙들 사이로 새로운 바다가 만들어집니다. 옆으로 이동해 간 대륙은 어떤 지점에 이르러 더 이상 움직이지 못하고 마냥 두꺼워집니다. 이때 거기서 높은 산맥이 만들어진다고 생각했어요.

이동해 간 대륙의 끝자락 아래로 맨틀의 흐름은 하강합니다. 거기에 깊은 골짜기인 해구가 만들어진다고 홈스는 생각했어요. 그림에서도 알 수 있듯이 홈스는 맨틀이 전체적으로 대류하여 순환을 이룬다고 설명하고 있습니다.

홈스의 생각은 맨틀이 단순히 대류한다는 사실에서 끝나는 것이 아니라 맨틀 위에는 대륙이 있고 대륙은 맨틀의 순환 과정에서 생기는 수평 이동에 실려 움직일 수 있다는 맨틀 대류설을 만들어 낸 것입니다. 즉, 대륙이 이동하는 것입니다.

맨틀이 대류한다는 홈스의 생각은 기본적으로 옳습니다.

그러나 홈스 자신도 맨틀이 지구 내부 전체에서 어느 정도의 규모로, 또 어떤 모습으로 대류할 것인지에 대해서는 자세하게 설명하지 못했습니다. 이후 많은 과학적인 발전이 있고 나서야 우리는 맨틀 대류의 모습이 어떤지를 조금 이해하게 된 것이지요.

조금 이해하게 되었다는 표현은 맨틀이 대류하는 모습에 대해 아직도 과학자들 사이에는 의견이 나뉘기 때문이에요.

윌슨은 맨틀 대류의 모습을 그리기 시작했다.

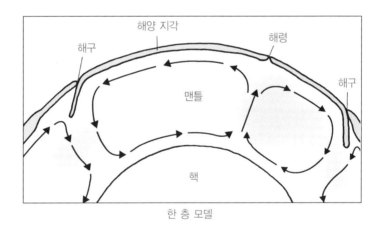

한 층 모델

이 그림은 맨틀에서 대류가 일어날 때 그 대류 세포의 크기가 전체 맨틀을 아우르는 아주 커다란 순환을 나타냅니다.

다시 말해 대류가 맨틀 전체에 걸쳐 일어난다고 하는 모델로 한 층 모델이라고 부릅니다.

한 층 모델에서는 해령에서 순환의 흐름이 상승하고 해구에서는 하강하지만 해령과 해구 사이에서는 수평적인 흐름을 하고 있지요. 또, 해구에서 하강한 흐름은 맨틀과 핵의 경계를 따라 수평으로 흐르고 해령에 가까워지면 다시 상승합니다. 이렇게 볼 때 맨틀의 대류는 어마어마하게 커다란 순환이 되는 것이지요.

그런데 이런 커다란 순환에 의문을 가지는 과학자들이 있어요. 그 이유는 간단하게 말해 맨틀의 아래위 성분이 같지 않다고 하는 데 있지요.

하나의 예를 들어 보죠. 맨틀의 성분 중에는 방사능 원소와 같은 성분도 있어요. 과학자들은 이 방사능 원소의 양이 맨틀의 위쪽과 아래쪽에서 다르다는 사실을 알아냈죠.

만약 대류가 맨틀 전체에 걸쳐 일어난다면, 대류의 순환은 맨틀의 성분을 일정하게 만드는 효과가 있습니다. 하지만 맨틀의 성분이 위치에 따라 차이가 나게 되면 이런 순환에 문제가 있다는 얘기가 되는 거예요.

윌슨은 또 다른 맨틀 대류의 모습을 그렸다.

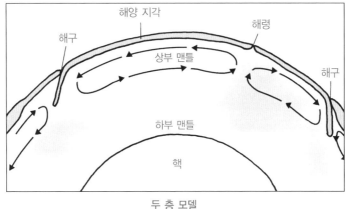

해양 지각

해령

해구

해구

상부 맨틀

하부 맨틀

핵

두 층 모델

맨틀이 한 층으로 대류하는 모델에 문제가 생기자 과학자들은 다른 모델을 생각해 냈습니다. 그림에서 보는 것처럼 맨틀의 대류가 상부에서만 일어난다는 거예요. 이때 맨틀을 상부 맨틀과 하부 맨틀로 나누고, 그 경계는 지하 약 400~700km에 있다고 생각합니다. 맨틀 전체의 두께가 약 2,700km이니까 상부 맨틀은 하부 맨틀에 비해 얇은 층이라고 생각되죠. 맨틀을 2개의 층으로 나누고 대류가 상부 맨틀에서만 일어난다고 하는 모델을 두 층 모델이라고 한답니다.

두 층 모델의 상부 맨틀에서 대류가 일어나는데, 우리가 첫 번째 수업에서 배웠던 연약권이 바로 대류가 일어나는 장소로 생각됩니다. 딱딱한 고체의 맨틀 중에서도 연약권은 무른 성질을 가지고 있죠. 그래서 대류가 더욱 쉽게 일어날 수 있다고 생각되는 거예요.

맨틀에서 대류가 일어난다고 할 때 현재로서는 한 층 모델보다는 두 층 모델이 훨씬 효과적일 것으로 생각해요. 아래위의 맨틀 성분이 다른 것도 두 층 모델로 설명이 가능하고요.

그런데 두 층 모델에도 약점이 있어요. 대류하는 상부 맨틀에 비해 하부 맨틀은 비교적 움직임이 적은 것으로 생각했지만, 사실은 다릅니다. 하부 맨틀에서도 상당히 복잡한 현상이 나타나요. 이 내용은 마지막 수업 시간에 다시 살펴볼 것입니다.

그렇다고 해도 맨틀의 대류가 일어나는 장소가 상부 맨틀이라는 사실은 많은 과학자들이 인정하고 있는 부분입니다.

맨틀이 대류한다는 사실이 밝혀졌다면 지구를 덮고 있는 판의 이동 역시 맨틀이 대류함에 따라 일어나는 것일까? 그렇다면 홈스의 맨틀 대류설이 기본적으로 옳은 설명이었다고 학생들은 생각했다.

맞아요. 앞에서도 얘기했듯이 1928년에 홈스가 주장한 맨틀 대류설은 상당히 앞선 생각으로 선견지명이 있었던 것이죠. 그런데 맨틀 대류가 판을 이동시키는 기본적인 힘을 제공하지만 세계 여러 곳에서 발견되는 현상들은 판의 이동이 조금 더 복잡하다는 것을 얘기해 줍니다. 좀 더 자세한 설명이 필요해요.

물의 흐름을 따라 뗏목이 움직이듯이 맨틀의 흐름을 타고 판이 이동한다는 생각은 크게 틀리지 않습니다. 해령에서 맨틀이 상승하고 거기서 새로운 해양 지각이 만들어지고, 이 지각은 맨틀의 수평적인 흐름을 타고 이동합니다. 하지만 이 생각에 문제가 생긴 거예요. 맨틀의 순환과 판의 이동이 관계한다면 해령과 해구는 맨틀의 상승부와 하강부로 고정됩니다.

그런데 과학자들은 여러 곳에서 해령이 움직이고 있다는 사실을 발견했어요. 말하자면 맨틀의 대류가 고정된 것이 아니라는 거예요. 맨틀 대류만이 판을 이동시키는 원동력이라고 하는 설명에 문제가 생긴 것입니다. 여기를 보세요.

월슨은 맨틀의 순환과 판의 이동에 대한 그림을 그렸다.

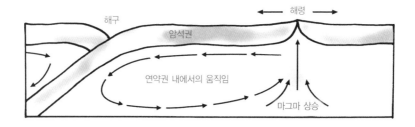

이 그림은 맨틀 대류에 의한 판의 이동을 설명하는 그림입니다. 지금까지 설명한 대로 해령에서 맨틀이 상승하고 마그마로부터 해양 지각이 만들어지며 이 지각을 포함한 판, 즉 암석권이 연약권 맨틀의 대류에 의해 이동하게 되죠. 그런데 이때 이 그림의 문제점은 바로 맨틀 대류의 순환이 고정되었다는 점이에요. 따라서 해령 자체가 이동하고 때로 해령이 해구 아래로 침강하는 현상을 설명할 수는 없습니다.

이번에는 다른 모델을 볼까요?

윌슨은 판의 이동에 대한 또 다른 그림을 그렸다.

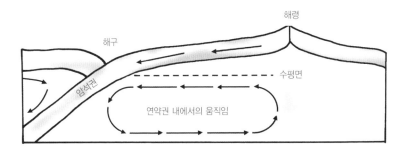

비슷한 그림이기는 하지만 차이점은 판의 이동이 맨틀 대류뿐만 아니라 다른 현상에 의해서도 영향을 받는다는 것인데, 바로 침강하는 판의 잡아당김입니다. 해구 아래로 침강하는 판 내부에 그려진 화살표에 주목하세요.

해령에서 만들어진 해양 지각은 해령에서 멀어질수록 차가워지고 따라서 무게도 무거워집니다. 따라서 해구에 접근하여 침강하는 해양 지각은 아주 무거워진 상태이며 가라앉으려는 성질이 강해집니다. 이때 침강하는 판은 뒷면에 있는 판들을 세게 잡아당기려는 성질이 생기게 되지요.

물론 해령에서 만들어진 해양 지각과 전체 판은 맨틀 대류의 수평적인 흐름을 타고 이동합니다. 그러나 판이 해구에서 침강함에 따라 더 세게 잡아당기게 되는 것이지요. 그렇게 되면 해령 역시 끌려오면서 이동한다는 생각입니다.

마지막 모델을 소개하겠습니다.

윌슨은 앞의 두 그림과 유사한 또 하나의 그림을 그렸다.

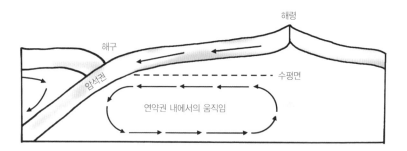

이번에도 이동하는 판 내부에 그려진 화살표를 주의 깊게 보세요.

여러분이 이미 공부했듯이 해령이라는 장소는 해저의 산맥과도 같습니다. 해저에서 가장 높은 장소라는 뜻이죠. 해령 아래서 올라오는 맨틀의 상승은 해령 주변의 해양 지각을 들어 올립니다. 이 때문에 해령이 높아진 것이죠. 해령에서 만들어진 해양 지각이 맨틀의 수평적인 흐름을 타고 이동하는 것까지는 여러 모델이 동일합니다.

두 번째 그림에서 설명했듯이 해양 지각은 해령에서 멀어지면서 차가워지고 또 무거워진다고 했죠. 따라서 해양 지각은 해구에 이를 때까지 서서히 가라앉습니다. 해령에서 산맥을 이루던 해양 지각이 서서히 높이가 낮아지는 것이죠. 이때 어떤 현상이 생길까요?

─높은 곳과 낮은 곳이 생기면 그 사이에 있는 물체는 미끄러지지 않을까요?

맞아요. 이 그림에서 설명하고자 하는 것이 바로 그것입니다. 해령과 해구 사이에 위치한 해양 지각은 수천 m에 이르는 높이 차이가 생깁니다. 이 차이 때문에 해령 부근의 지각이 계속 해구 쪽으로 미끄러져 내려간다는 생각이에요. 그렇게 되면 해령 역시 해구 쪽으로 끌려가게 되는 것이고요.

지금까지 3가지 경우를 생각했어요. 맨틀의 수평적인 흐름, 해구 쪽에서의 잡아당김, 그리고 해령에서 해구 쪽으로의 미끄러짐의 경우들이죠. 판이 왜 움직이는가에 대한 설명은 어느 하나의 경우로만 설명되지 않습니다. 어쩌면 이 3가지 경우 중 어느 2가지 또는 3가지가 모두 작용할 수도 있는 거예요.

판이 움직이는 이유는 우리가 생각하는 것보다 복잡하지만, 그래도 가장 기본적인 것은 판 아래의 맨틀이 대류하고 있다는 사실입니다. 맨틀은 대류하고 그 위의 판은 맨틀의 흐름을 타고 이동하며, 그 과정에서 생기는 판의 무게 변화, 해저 높이의 변화 등이 함께 어우러져 판을 이동시키는 힘을 만드는 것이겠지요.

선생님의 설명을 듣다 보니 정말 궁금한 것이 있어요. 판은 왜 움직이는 거죠?

쉽게 설명하면 물의 흐름을 따라 뗏목이 움직이듯이 맨틀의 흐름을 타고 판이 이동한다고 생각하면 돼요. 그런데 최근 이 생각에도 문제가 생기게 되었죠.

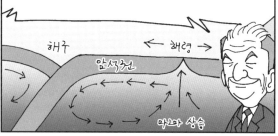

보통 해령에서 맨틀이 상승하고 마그마로부터 해양 지각이 만들어지며 이 지각을 포함한 암석권이 연약권 맨틀의 대류에 의해 이동하게 되죠.

하지만 맨틀 대류의 순환이 고정된 게 아니라는 것이 문제였지요. 판의 이동이 맨틀 대류뿐 아니라 침강하는 판의 잡아당김의 영향도 받는 것이죠. 즉, 판이 해구에서 침강함에 따라 더 세게 잡아당기면서 해령 역시 끌려와 이동하게 된다는 얘기지죠.

따라서 해령에서 만들어진 해양 지각은 해령에서 멀어지면서 차가워지고 무거워져 아래로 가라앉으려는 성질이 강해지죠.

그래서 판들을 세게 잡아당기게 되는 거군요.

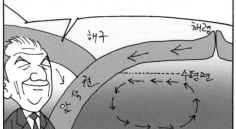

그래요. 무거워진 해양 지각은 해구에 이를 때까지 서서히 가라앉지요. 이 때문에 높이 차이가 생기고 해령 부근의 지각이 계속 해구 쪽으로 미끄러져 내려가면서 해령 역시 해구 쪽으로 끌려가게 되는 것이고요.

판이 왜 움직이는가는 한마디로 설명되지 않아요. 그래도 기본적인 것은 판 아래의 맨틀이 대류하고 있다는 사실입니다. 그리고 판 아래의 맨틀이 대류함에 따라 생기는 판의 무게 변화, 해저 높이의 변화 등이 판을 이동시키는 힘을 만드는 거랍니다.

그렇군요.

6

땅이 흔들리고
화산이 폭발해요

두 판이 서로 접근하는 경계에는 거대한 산맥이 생겨납니다.
히말라야와 알프스 산맥이 생겨난 과정을 살펴봅시다.

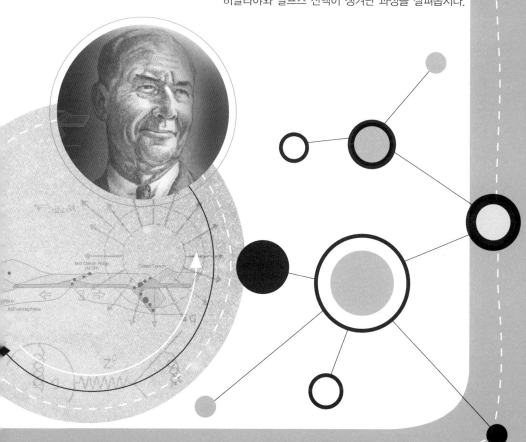

6

땅이 흔들리고
화산이 폭발해요

월슨이 지금까지 배운
내용을 정리하며
여섯 번째 수업을 시작했다.

  지금까지 우리는 지구의 표면이 여러 개의 판으로 덮여 있고, 판들은 서로 멀어지거나 가까워지거나 또 비스듬히 스쳐 지나간다는 사실을 공부했습니다. 그리고 이처럼 판들이 움직이는 이유가 무엇인지에 대해서도 살펴보았지요. 이번 시간에는 판끼리의 운동으로 지구에 어떤 현상이 일어나는지 알아보겠습니다.

  —네, 선생님

  두 판 사이의 운동 중에서 가장 격렬한 것은 아무래도 서로 가까워질 때입니다. 두 판이 서로 접근하는 수렴 경계의 경우 하나의 판이 다른 판 아래로 내려가는 섭입형 경계와 두 판이 서로 부딪쳐 경계가 솟아오르는 충돌형 경계의 2가지가 있다고 배웠죠. 기억나나요?

수렴 경계의 2가지 경계는 지구에서 가장 격렬한 활동의 흔적을 남겨 놓았어요. 우선 충돌형 경계의 모습을 찾아보기로 하죠.

윌슨은 그림 한 장을 펼쳤다.

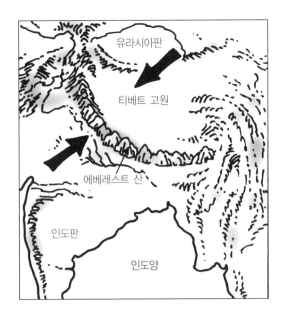

여기에 유라시아 대륙과 인도 대륙의 경계에 해당하는 히

말라야 산맥이 있습니다. 그리고 세계에서 가장 높은 에베레스트 산이 보이죠. 엄청나게 솟아 있는 히말라야 산맥과 티베트 고원은 세계의 지붕이라고 불릴 정도죠.

이 히말라야 산맥이야말로 가장 대표적인 충돌형 경계, 즉 인도 대륙과 유라시아 대륙이 충돌하여 솟아오른 거대한 흔적이에요.

대륙끼리 부딪쳐 지구에서 가장 높은 산맥을 만들었다는 얘기에 학생들은 자연의 엄청난 변화 속으로 빠져들었다.

그러면 히말라야 산맥이 만들어지는 과정을 시간 순서로 살펴보도록 하죠.

이미 여러분이 《베게너가 들려주는 대륙 이동 이야기》에서 배웠듯이 인도 대륙은 약 2억 년 전까지는 남반구의 거대한 곤드와나 대륙을 이루고 있었어요. 아프리카 대륙과 남극 대륙이 인도 대륙의 이웃이었죠. 그러다 인도 대륙은 점점 북쪽으로 이동하게 되었어요.

윌슨은 인도 대륙과 유라시아 대륙이 충돌하는 과정의 그림을 여러 장 중첩되게 그렸다.

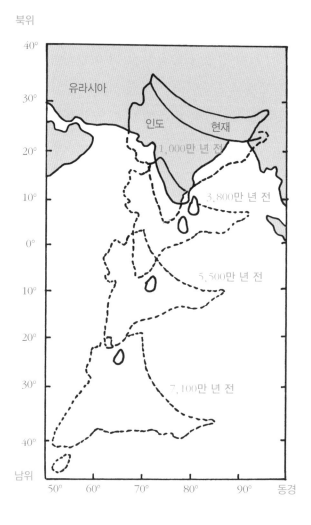

그림에서 보듯이 약 5,500만 년 전에 인도 대륙은 적도 부
근까지 올라왔답니다. 그 이후에도 인도 대륙은 수천 km나
더 이동하여 결국에는 유라시아 대륙과 '쿵' 하고 부딪치게

됩니다.

　인도 대륙은 유라시아 대륙을 계속 밀어붙였죠. 그리고 그 경계에 높이 솟은 히말라야 산맥을 만들었는데, 충돌로 인해 땅들은 엄청난 힘을 받아 휘어졌어요. 땅이 휘어진 모습을 습곡이라고 부르는데, 히말라야 산맥은 습곡 산맥인 것입니다.

　히말라야 산맥의 아래 모습을 단면으로 봅시다.

　월슨은 인도와 유라시아의 경계에 생겨난 히말라야 산맥 아래의 단면을 그렸다.

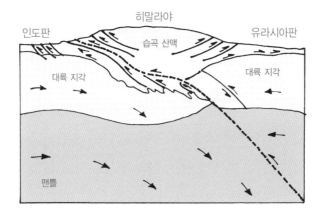

　이 그림은 부딪친 두 대륙의 경계가 지하에서 어떤 모습인지 잘 보여 줍니다. 왼쪽이 인도판이고 오른쪽이 유라시아판

이에요. 두 판은 모두 대륙을 짊어지고 있는 대륙판이죠. 두 판이 충돌하여 지표 위에는 거대한 히말라야 산맥이 생겨났는데, 땅들이 휘어져 있는 습곡 산맥을 만들었어요.

재미있는 것은 두 판의 윗부분, 즉 대륙 지각들은 서로 충돌하여 솟구쳐 올랐지만 지각 바로 아래의 맨틀은 계속 움직이고 있는 모습입니다. 인도판을 이루는 암석권의 맨틀 부분은 지금도 계속 유라시아판 아래로 내려가고 있는 모습이 보이죠? 그러니까 지금도 인도판은 유라시아판을 계속 밀어붙이고 있는 것입니다. 아주 느린 속도이기는 해도 말이죠.

인도판과 유라시아판이 계속 충돌한다면 앞으로 어떻게 될까요?

＿ 글쎄요……. 히말라야 산맥이 더 높이 솟구치는 것은 아닐까요?

좋은 추론이에요. 인도판이 계속 밀어붙인다면 히말라야 산맥이 더 높이 솟구쳐 오를 수 있어요. 아주 오랜 시간이 걸리겠지만요. 세계에서 제일 높은 에베레스트 산도 더 높아질 수 있겠죠. 그러나 산의 정상 또한 계속적으로 침식되기 때문에 짧은 시간에 에베레스트 산이 눈에 띌 정도로 높아지는 것을 기대하기는 어려울 거예요. 하지만 앞으로도 분명 변화가 일어날 것을 예측할 수 있어요.

대륙끼리의 충돌은 히말라야 산맥뿐이 아닙니다. 또 하나의 거대한 산맥인 알프스 역시 북상하던 아프리카 대륙과 유라시아 대륙 사이에 만들어진 충돌의 경계랍니다. 즉, 히말라야와 알프스 산맥 같은 지구의 높은 지붕들은 대륙과 대륙이 만나서 만든 커다란 충돌의 흔적들입니다.

자, 이번에는 하나의 판이 다른 판 아래로 침강하는 경계에서 어떤 일이 벌어지는지를 알아보기로 하죠.

섭입형 경계에서는 해양판이 다른 해양판이나 또는 대륙판 아래로 내려갑니다. 먼저 해양판과 해양판 사이의 섭입형 경계를 봅시다.

윌슨은 해양판이 다른 해양판 아래로 기어 내려가는 그림을 그렸다.

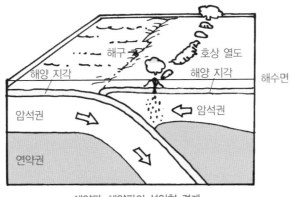

해양판-해양판의 섭입형 경계

앞 페이지의 그림에서 왼쪽의 해양판이 오른쪽 해양판 아래로 내려가고 있죠? 그리고 그 경계에는 깊은 골짜기, 즉 해구가 생겨납니다.

해양판이 침강하면서 다른 해양판과 부딪치는데 여기에서 2가지 현상이 일어나게 됩니다. 하나는 침강하는 해양판의 암석과 다른 해양판의 암석이 부딪칠 때 아주 강한 마찰이 생겨나는 것이지요. 이 마찰의 힘은 지진을 발생시키는데 지진에 대해서는 조금 있다가 설명하기로 하죠.

또 다른 현상은 침강하는 해양 지각이 내려가면서 압력을 받고 또 열을 받게 될 때 침강하는 지각이 부분적으로 녹기도 하고, 또 자신이 갖고 있던 물을 방출시키기도 합니다. 이때 녹은 지각이 바로 마그마를 만들 수도 있고, 방출된 물이 지각 위쪽의 맨틀을 녹여 마그마를 만들기도 합니다.

침강하는 해양 지각과 그 위쪽 맨틀에서 만들어진 마그마는 지표로 올라와 화산으로 분출하게 되는 거예요. 그렇게 되면 해양 지각 위에는 화산섬들이 생겨납니다. 하나, 둘이 아니라 앞에 나온 그림에서처럼 해구와 평행하게 화산섬들이 죽 늘어서게 되는 것이죠. 이렇게 해저에 뿌리를 둔 화산섬들이 줄지어 나타나 섬의 무리를 이루게 되면 이것을 호상열도라고 부른답니다.

사실 평면으로 볼 때 섬들이 직선으로 늘어선 것처럼 보이지만 지구 표면이 둥글기 때문에 섬들의 배열은 활 모양으로 휘어져 있어요. 그래서 활 '호'자를 써서 호상 열도라 부르는 것이죠. 일본의 태평양 쪽에도 이런 호상 열도가 분포하고 있어요.

그러면 해양판이 대륙판 아래로 침강할 경우는 어떨까요?

월슨은 해양판이 대륙판 아래로 기어 내려가는 모습의 그림을 그렸다.

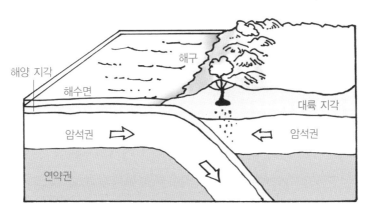

해양판-대륙판의 섭입형 경계

해양판이 대륙판 아래로 침강하는 경우에도 앞서 설명한 경우와 마찬가지의 현상이 일어납니다. 이 침강 현상의 경우에도 두 판의 경계에 해구가 생깁니다. 그리고 내려가는 해양판과 부딪치는 대륙판 아래의 암석들이 마찰을 일으켜 지진이 발생합니다.

또 침강하는 해양 지각의 암석과 그 위쪽의 맨틀이 녹아 마그마를 만듭니다. 이 마그마는 대륙 지각 위에 분출하여 화산을 만들죠. 마그마가 분출하는 장소가 해양이 아니기 때문에 섬이 생기지 않고 대륙 지각 위에 화산들이 생겨나게 되는 거예요.

한 가지 재미있는 것은 해양판이 대륙판 아래로 침강할 경우, 특히 해구로부터 대륙 지각이 가까울 경우에 해양판의 밀어붙이는 힘과 활발한 마그마의 분출 때문에 대륙 지각의 가장자리가 높아질 수도 있다는 것이죠. 또 한편으로는 해양 지각이 운반한 해양 퇴적물들이 대륙 지각에 쌓여 올라가면서 지각의 가장자리를 산맥처럼 두껍게 만들기도 한답니다.

월슨은 해양 퇴적물이 대륙 지각에 높이 쌓여 올라가는 모습을 그렸다.

남아메리카 대륙의 서쪽에 남북으로 솟아 있는 안데스 산맥은 바로 이렇게 해서 만들어진 산맥이에요. 태평양판 동쪽의 나즈카판이 남아메리카판을 밀어붙이고, 많은 양의 해양 퇴적물을 거기에 쌓아 올려 만든 것이죠. 물론 엄청난 양의 마그마를 지표에 쏟아붓기도 했고요.

침강 경계가 공통적으로 가지는 현상으로서 화산 분출은 지구에 엄청난 수의 화산들을 만들어 놓았지요. 해양판이 다른 해양판이나 대륙판 아래로 침강하는 지역에서 화산 폭발을 쉽게 볼 수 있는 이유도 여기에 있어요. 다음 그림을 보세요.

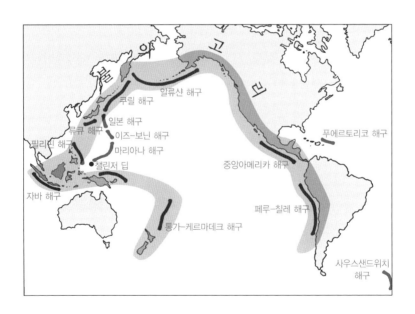

월슨은 태평양을 빙 둘러싼 대륙들을 그리고, 거기에 여러 해구의 이름을 적어 넣었다.

지구에서 가장 거대한 해양판은 태평양판입니다. 그리고 이 태평양판은 바다를 둘러싸고 있는 주변 해양판과 대륙판 아래로 침강하고 있죠. 그렇기 때문에 태평양을 둘러싸고 있는 주변에 이처럼 많은 해구가 존재하는 것이랍니다. 그리고 해구 주변에는 '반드시'라고 해도 좋을 만큼 많은 수의 화산이 분포해요. 그림에서 따로 표시한 것이 화산의 분포 지역입니다.

이 화산들은 과거에 폭발한 것도 있고 지금 폭발하고 있는 것도 있지요. 일본, 필리핀, 인도네시아에서 최근에 화산들이 폭발하고 있는 것도 모두 태평양판을 비롯한 해양판들의 침강에 관계하는 것이랍니다.

따라서 과학자들은 태평양 주변의 화산 지대를 '불의 고리(ring of fire)'라고 불러요.

자, 이번 시간의 마지막은 지진에 대해서 얘기할까 합니다. 앞서 설명했듯이 판의 침강 경계에서 일어나는 현상 중의 하나가 지진이라고 했죠. 지진은 침강하는 해양판과 상대편 판 사이의 마찰로 일어난다고 했습니다. 오른쪽 페이지의 그림을 보세요.

월슨은 판의 침강 경계에 대한 또 다른 그림을 그렸다.

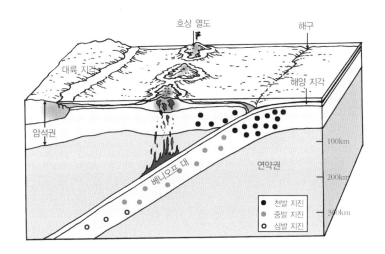

그림 오른쪽의 해양판이 대륙과 해양을 포함하는 다른 판 아래로 침강하고 있습니다. 판의 경계인 해구와 화산 분출로 생긴 호상 열도도 보이죠? 그런데 두 판의 경계에 지진이 발생한 장소가 동그라미로 표시되어 있어요. 지진은 해구 부근에서 가장 두드러지게 발생하지만 그보다 깊은 장소에서도 발생하고 있습니다.

이처럼 지진이 발생하는 깊이에 따라 천발 지진, 중발 지진, 심발 지진으로 나뉘지요. 천발 지진은 약 70km보다 얕은 장소에서 발생하고, 중발 지진은 그로부터 약 300km의 깊이까지, 심발 지진은 300km보다 깊은 곳에서 발생한 경우입니다. 그러고 보니 판의 침강 경계에서는 아주 깊은 곳에서도 지진이 발생한다는 것을 알 수 있지요.

그런데 그림을 자세히 들여다보세요. 천발, 중발, 심발 지진이 발생하는 장소에 어떤 규칙이 있나요?

__잘 모르기는 해도 천발 지진은 해구 근처에서, 심발 지진은 해구로부터 먼 쪽에서 발생하는 것 같아요.

아주 훌륭해요. 맞습니다. 해구에서 대륙 쪽을 향해 천발, 중발, 심발 지진 순으로 발생되는 장소가 이동해 갑니다. 이것을 평면에서 보면 어떨지 확인해 보기로 해요.

윌슨은 지도에 한국 부근에서 발생한 지진을 발생 깊이의 종류대로 그려 넣었다.

오른쪽 그림은 유라시아 대륙의 끝자락과 태평양이 만나는 장소를 그린 것이죠. 바로 태평양판이 유라시아판 아래로 침강하는 장소이고, 그 경계에 일본 해구가 있습니다. 다시 말하자면, 일본 해구의 서쪽에 위치한 일본 열도와 한국은 유라시아판에 해당하고, 일본 해구 동쪽의 바다는 태평양판에 해당하는 것이죠.

그림에서도 확인할 수 있는 것처럼 일본 해구 부근에 천발

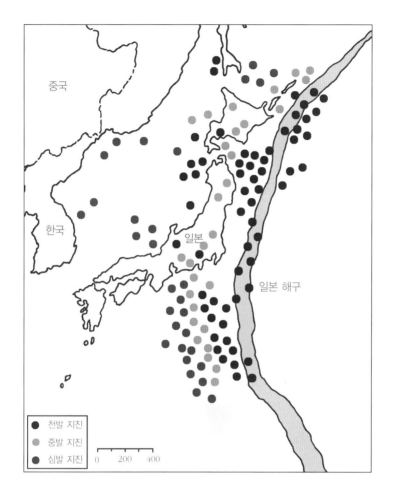

중국

한국

일본

일본 해구

● 천발 지진
● 중발 지진
● 심발 지진

0   200   400

지진이 많죠. 그리고 일본과 한국 쪽으로 오면서 심발 지진
이 많아지는 것을 알 수 있습니다. 일본에서 지진이 많이 발
생하는 그 이유가 바로 여기에 있습니다. 태평양판이 유라시
아판 아래로 침강하고 지진을 발생시키는 경계에 일본이 위

치하기 때문입니다.

지진이 발생하면 커다란 피해를 가져다줍니다. 지진의 엄청난 위력은 인간의 힘으로 어쩔 수 없는 자연 재해입니다. 또한 최근에 경험하고 있듯이 한국도 지진에 대해서 절대 안전하지 않습니다. 따라서 지진을 잘 알고 대비하는 것이 피해를 줄이는 가장 현명한 방법이죠.

선생님, 지구의 표면이 여러 개의 판으로 이루어져 있고, 또 그 판들이 움직이고 있다고 하셨는데 전 솔직히 믿어지지가 않아요.

하하, 그럴 거예요. 하지만 확실한 증거가 있어요. 바로 모두가 잘 알고 있는 히말라야 산맥이 그 증거랍니다.

유라시아 대륙과 인도 대륙의 경계에 해당하는 히말라야 산맥은 가장 대표적인 충돌 경계, 즉 인도판과 유라시아판이 충돌하여 솟아오른 거대한 흔적이에요.

히말라야 산맥의 단면을 보면 부딪친 두 판의 윗부분은 서로 충돌하여 솟구쳐 올랐지만 지각 바로 아래의 맨틀은 계속 움직이고 있다는 것을 알 수 있죠.

와, 정말 그렇군요.

그러니까 지금도 인도판은 유라시아판을 계속, 천천히 밀어붙이고 있는 것이죠. 이번에는 침강 경계에서 어떤 일이 생기는지 볼까요?

해양판이 다른 해양판과 부딪치면서 지진을 일으키고, 마그마를 만들어 화산이 분출되기도 하지요. 그러면 화산섬들이 줄지어 나타납니다.

화산섬이 줄지어 나타나는 걸 호상 열도라고 하지요?

우아, 똑똑하다.

하하, 잘 알고 있군요. 해양판이 대륙판 아래로 침강해도 지진과 화산이 생기지요. 단, 이 경우에는 대륙 지각의 가장자리가 높아질 수 있어요.

해양 지각이 운반한 해양 퇴적물들 때문이군요.

7

아프리카가 갈라져요

한반도와 일본은 약 2천만 년 전까지만 해도 거의 붙어 있었지만
동해 쪽의 땅이 벌어지면서 일본이 떨어져 나갔답니다.
판의 운동으로 대륙이 갈라지는 모습을 살펴봅시다.

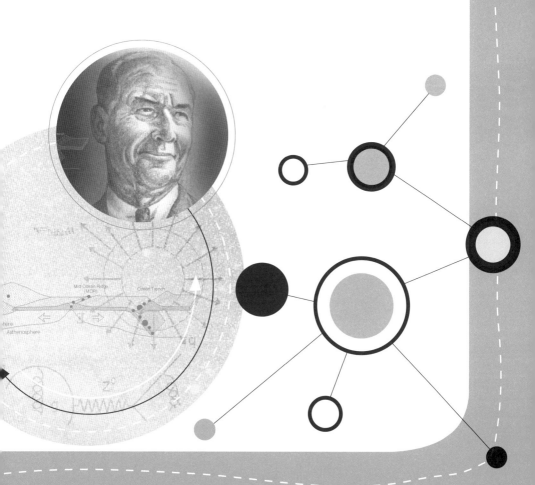

7

아프리카가 갈라져요

윌슨이 영화에 대한 이야기로
일곱 번째 수업을 시작했다.

오늘 수업에서는 판의 운동으로 대륙이 갈라지는 모습을
살펴보겠습니다.

애니메이션 영화 중에 뉴욕 센트럴파크 동물원의 동물들이
진정한 자유를 찾기 위해 모험을 떠난다는 〈마다가스카〉를
아나요?

─네!

─너무 재미있었어요!

외치듯 대답하는 학생들의 표정이 한껏 밝아졌다.

영화 속의 마다가스카는 상상의 성입니다. 오늘은 마다가스카와 비슷한 이름의 실제 섬인 마다가스카르에 대해 얘기해 볼게요. 사실 마다가스카르는 아프리카의 동쪽에 위치한 커다란 섬이지만 아주 옛날에 아프리카에 붙어 있던 대륙이었어요.

섬이 과거에 대륙이었다는 얘기를 듣자 학생들 얼굴에 놀라는 표정이 역력했다.

처음에 대륙이었어도 영원한 대륙일 수 없다는 얘기인데, 이러한 변화가 일어나는 이유 역시 판의 움직임에 있습니다. 마다가스카르 역시 지금부터 약 1억 년 전까지는 아프리카의 일부였습니다. 그러다가 아프리카의 동쪽 부분에서 땅이 갈라지기 시작했어요. 그러고는 마다가스카르가 떨어져 나왔죠.

여러분이 이미 공부했던 《베게너가 들려주는 대륙 이동 이야기》에서 대륙이 시간에 따라 이동하는 모습을 살펴보면 아프리카에서 마다가스카르가 떨어져 나오는 모습을 볼 수 있을 거예요.

그런데 앞으로 시간이 지나면 지날수록 아프리카의 동쪽에서는 마다가스카르보다 더 큰 섬이 떨어져 나올 겁니다. 어쩌면 지구에서 가장 큰 섬이 새로 생겨날지도 모른다는 얘기예요.

월슨은 지금의 세계 지도와는 조금 다른 지도를 그리기 시작했다.

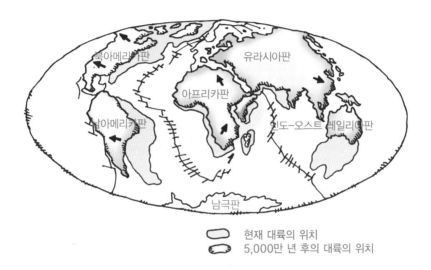

현재 대륙의 위치
5,000만 년 후의 대륙의 위치

이 지도는 현재 판들의 이동 방향과 속도로 계산해 본 5,000만 년 후의 세계 지도입니다. 여러 곳이 달라진 것을 알 수 있죠. 아메리카 대륙이 서쪽으로 움직여서 대서양이 넓어 졌어요. 대서양이 넓어지면 당연히 태평양은 좁아지죠. 또한 오스트레일리아 대륙이 상당히 북쪽까지 이동했고, 유라시 아 대륙도 약간 동쪽으로 이동했어요.

이번에는 아프리카를 자세히 보세요. 아프리카의 동쪽에

떨어져 나오고 있는 땅이 보이죠? 새로 생겨날 커다란 섬이라는 것이 바로 이 땅이에요. 그 아래에 있는 마다가스카르와 비교하면 엄청나게 크죠. 이것은 아프리카 대륙의 땅 일부가 떨어져 나오는 것이에요. 과거에 마다가스카르가 떨어져 나왔듯이 말이죠.

어떻게 이런 일이 생기는 것일까요? 처음에도 얘기했듯이 판의 이동이 이런 현상을 만들어 내는 것이랍니다.

아프리카의 동쪽을 자세하게 살펴봅시다.

윌슨은 아프리카의 지도를 좀 더 자세하게 그리기 시작했다.

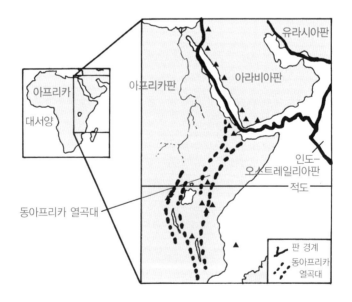

아프리카 주변에는 아프리카판, 아라비아판, 인도-오스트 레일리아판 등이 서로 붙어 있습니다. 그런데 아프리카의 동쪽이 떨어져 나가는 것은 이 판들 사이의 운동 때문이 아닙니다. 아프리카판 내부에서 일어나는 현상 때문이에요.

아프리카판을 자세히 보면 북쪽에서 남쪽으로 길게 열곡대가 지나고 있습니다. 열곡이라는 것은 주변보다 상대적으로 지형이 움푹 패어 낮아진 곳을 뜻합니다. 아프리카의 동쪽에 있는 이런 열곡의 연장을 동아프리카 열곡대라고 부르고 있죠. 아프리카의 유명한 호수들이 이 열곡대 주변에 모여 있고요.

동아프리카 열곡대가 앞으로 생길 커다란 섬의 서쪽 경계가 될 것입니다. 왜냐고요? 그건 바로 열곡대가 땅을 벌어지게 하는 중심이 되기 때문이에요. 여기를 보세요.

윌슨은 열곡의 모양을 간단하게 그렸다.

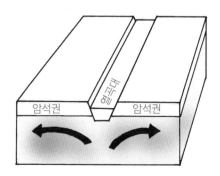

원래 열곡이란 판의 발산 경계에서 만들어지는 특징적인 지형입니다. 그림에서 알 수 있듯이 맨틀의 대류가 상승해 옆으로 이동하는 발산 경계에서는 맨틀 위의 암석권, 즉 판을 찢어 놓게 됩니다. 그리고 암석권이 맨틀 대류의 흐름을 타고 좌우로 이동해 가면 대류의 상승이 있는 장소의 땅이 아래로 꺼지게 되죠. 이렇게 움푹 팬 지형을 열곡이라고 부르는 거예요.

　열곡은 벌어지는 발산 경계의 중심에서 생겨나기 때문에 해양 지각에 있는 해령들에서는 그 중심부가 꺼진 열곡을 찾아보기 쉽습니다. 그런데 해양 지각이 아닌 아프리카라는 대륙 지각에서 열곡이 발견된 것이죠.

　해양 지각에서는 보통 판의 경계에 열곡이 생기는데, 동아프리카 열곡대는 아프리카판의 내부에 발달하고 있다는 차이가 있어요. 결국 동아프리카 열곡대는 판의 내부에 생겨난 발산 경계라고 할 수 있는데, 해양판들 사이의 발산 경계와는 여러모로 모습이 다릅니다.

　해양판들 사이의 발산 경계는 맨틀 대류의 순환이 상승하는 곳에서 생깁니다. 만약 동아프리카 열곡대도 해양에서 발견되는 발산 경계와 같다고 한다면 맨틀 대류의 상승이 있어야 하겠지요. 그러나 실제로는 조금 다른 모습입니다. 지하

깊은 곳에서 올라오는 뜨거운 맨틀의 상승이 동아프리카에 열곡대를 만든 것은 사실이지만, 우리가 지금까지 배운 맨틀 대류의 상승과는 차이가 있다는 얘기예요.

일반적인 맨틀 대류가 아니라 더 깊은 곳에서 올라오는 상승류가 이 열곡대를 만든 것으로 생각합니다. '뜨거운 플룸'이라 불리게 될 이 흐름에 대해서는 마지막 수업에서 좀 더 자세하게 설명하기로 하죠.

하여간 아프리카의 동쪽은 열곡대를 중심으로 벌어지고 있습니다. 그리고 동쪽에 위치한 땅들은 조금씩 아프리카 대륙 내부로부터 멀어지고 있고요. 따라서 언젠가는 완전히 아프리카에서 떨어져 나와 새로운 섬이 될 것입니다.

자, 이번에는 땅이 갈라지는 모습을 여러분이 잘 아는 지역에서 찾아보기로 하죠. 바로 한국과 일본입니다.

일본은 한국에서 가장 가까운 나라라고 할 수 있죠. 일본에 가려면 비행기를 타거나 배를 이용할 수 있습니다. 가깝기 때문에 해저 터널을 뚫으면 자동차로도 갈 수 있을 겁니다. 옛날 사람들은 일본까지 걸어서 갈 수 있었을 거예요.

일본까지 걸어서 갈 수 있었을 거라는 얘기에 학생들은 놀라는 표정을 지었다.

지금은 바다로 가로막혀 있지만 예전에는 바다가 없었다는 얘기예요. 그렇다고 바닷물이 없었기 때문에 걸어서 건널 수 있었다는 얘기는 아닙니다. 한국에서 일본까지 걸을 수 있었는 이유는 바로 한국의 땅과 일본 땅이 거의 붙어 있었기 때문이랍니다.

　　윌슨은 한반도와 일본 지도를 그리기 시작했다. 그런데 일본 지도를 하나 더 그려 한반도에 가깝게 붙여 넣었다.

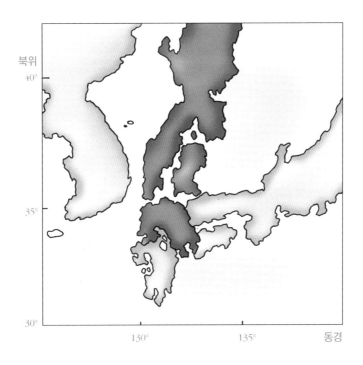

일본이 섬이고 그 바깥이 태평양이기 때문에 가끔 학생들은 일본이 해양판인 태평양판에 속해 있다고 생각하기도 합니다. 그러나 그렇지 않습니다. 일본은 한반도와 같이 유라시아 대륙판에 속해 있습니다. 한반도 곁에 놓인 대륙의 땅이라는 얘기죠. 그리고 한반도와 붙어 있었고요.

한반도와 일본은 약 2,000만 년 전까지만 해도 거의 붙어 있었습니다. 그리고 한반도와 일본 사이에 동해도 없었지요. 그러다가 서서히 일본이 떨어져 나가기 시작했어요. 한반도에서 일본이 떨어지면서 그 사이에 동해가 열리게 된 것입니다. 그리고 보면 동해 쪽의 땅이 벌어지면서 일본이 떨어져 나간 것이 되죠.

이처럼 한반도 동쪽의 동해가 확장되어 열리면서 일본이 떨어져 간 것도 한반도 주변에서 일어난, 작지만 확실한 판 운동의 결과라고 할 수 있어요.

즉, 과거에 아프리카에서 마다가스카르가 떨어져 나갔듯이 한반도에서 일본이 떨어져 나간 것입니다.

아프리카의 경우 5,000만 년 후의 모습에서 동쪽에 아주 커다란 섬이 생길 것이라고 했습니다. 그러면 한반도 주변에서는 5,000만 년 후에 어떤 일이 생길까요? 어느 일본 학자가 예상한 5,000만 년 후의 한반도 주변 모습을 보기로 합시다.

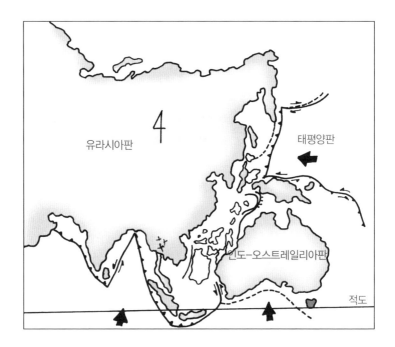

미래 지구의 모습이 어떨지는 계산하는 과학자들에 따라 조금씩 다를 수 있습니다. 5,000만 년 후 한반도 주변의 모습은 그림에서 알 수 있듯이 지금과는 상당히 다릅니다. 가장 주목할 것은 오스트레일리아 대륙이 빠르게 북쪽으로 이동해서 한반도 바로 아래까지 올라와 있다는 것이지요.

또한 현재 유라시아 대륙과 오스트레일리아 대륙 사이에 위치한 동남아의 여러 섬들과 일본은 아주 커다란 지각의 변동을 받게 될 가능성이 커집니다. 5,000만 년 후 아시아의 지

도가 어떻게 변할지 완벽하게 알 수는 없지만 지금과 상당히
다를 것은 분명한 일입니다.

혹시 마다가스카르에 대해 들어봤나요? 마다가스카르는 아프리카 동쪽에 위치한 큰 섬인데, 아주 옛날에 아프리카에 붙어 있던 대륙의 땅이었지요.

섬이 과거에 대륙이었다고요?

네, 이런 변화는 판의 움직임 때문에 생기지요. 마다가스카르도 약 1억 년 전까지는 아프리카의 일부였지만, 동쪽 부분에서 땅이 갈라지기 시작했지요.

그러면 앞으로 시간이 지나서 아프리카의 동쪽에서 또 다시 섬이 떨어져 나올 수도 있나요?

마다가스카르보다 더 큰 섬이 떨어져 나올 거예요. 어쩌면 지구에서 가장 큰 섬이 새로 생겨날지도 모른다는 것이지요. 이 지도를 보세요.

이것은 현재 판들의 이동 방향과 속도로 계산해 본 5,000만 년 후의 세계 지도예요. 대서양이 넓어지고 태평양은 좁아졌고, 오스트레일리아 대륙도 북쪽으로 이동했어요. 또 유라시아 대륙도 약간 동쪽으로 이동했어요.

정말이네요!

아프리카 대륙을 자세히 보니까 대륙의 동쪽에서 떨어져 나오고 있는 땅이 보여요. 마다가스카르와 비교하면 엄청나게 크네요.

맞아요, 판의 이동이 이런 현상을 만들어내는 것이지요. 또한 아프리카 주변에는 아프리카판, 아라비아판, 인도판 등이 서로 붙어 있어요.

그런데 아프리카 동쪽이 떨어져 나가는 것은 아프리카판 내부에서 일어나는 현상 때문이에요. 아프리카의 동쪽은 열곡대를 중심으로 벌어지고 있지요. 따라서 언젠가는 완전히 아프리카에서 떨어져 나와 새로운 섬이 될 거예요.

하와이는 뜨거워요

하와이 열도와 엠퍼러 해산군이 위치한 태평양 한가운데는
판의 경계가 아니라 태평양판의 내부인데도 화산 활동이 일어납니다.
그 이유에 대해 알아봅시다.

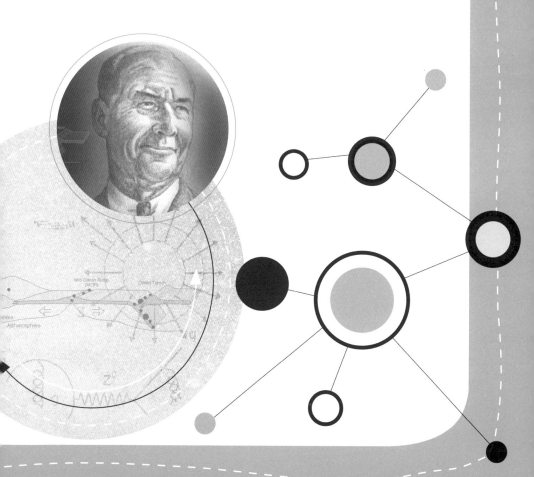

여덟 번째 수업

하와이는 뜨거워요

월슨이 하와이로
가상 여행을 제안하며
여덟 번째 수업을 시작했다.

오늘은 태평양에 있는 섬들로 여행을 떠나 보기로 해요. 어디냐고요? 여러분이 좋아할 것 같은 하와이예요.

학생들의 얼굴이 밝아지고, 소리치며 좋아했다.

비록 그림으로만 떠나는 여행이지만 오늘의 여행을 통해 여러분은 하와이라는 섬에 대해 자세히 알게 될 거예요. 자, 그림 하와이를 한번 그려 볼까요?

__ 네, 선생님!

윌슨은 칠판에 하와이 섬을 그리기 시작했다. 그런데 5개 이상의 섬들을 그리는 것이었다. 하와이가 하나의 섬이라고 생각했던 학생들은 어리둥절해했다.

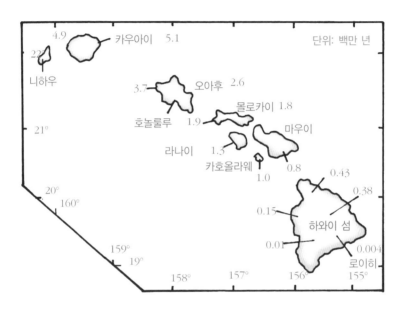

이상하죠. 너무 많은 섬들을 그렸나요? 우리가 그냥 하와이라고 부르면 하나의 섬 같지만 사실 하와이는 여러 개의 섬들로 이루어진 열도입니다. 그래서 하와이 열도라고 부르는 것이죠.

지금 그린 그림의 오른쪽 아래에 하와이 섬이 있어요. 그리고 북서쪽을 향해 차례로 마우이, 몰로카이, 오아후, 카우아이 섬이 있고 그 사이에도 작은 섬들이 있죠. 우리가 알고 있는 하와이는 가장 남쪽에 있는 섬이에요. 그런데 한국에서 비행기를 타고 하와이에 내리면 그곳은 하와이 섬이 아니라 오아후 섬에 있는 호놀룰루라는 도시예요.

하와이에 가 본 듯한 한 학생이 그렇다고 대답했다. 윌슨은 빙그레 웃으며 말을 이어갔다.

그림에 하와이 열도를 이루는 여러 섬 안에 바깥으로 선을 긋고 숫자를 써 놓았어요. 선을 그은 장소는 화산이 분출한 장소를 뜻하고 숫자는 그 화산이 폭발한 과거의 연대를 의미합니다. 이 연대의 단위가 100만 년이니까 0.01은 1만 년, 1.0은 100만 년, 그리고 5.1은 510만 년을 나타내죠. 가장 최근 화산의 연대가 얼마이고, 어디에 있죠?

__0.004, 즉 4,000년 전에 폭발한 화산이 하와이 섬의 남동쪽에 있어요.

잘 찾았어요. 그림의 하와이 열도 화산들 중에서 가장 최근에 폭발한 것이 가장 남동쪽에 있어요. 그런데 4,000년 전의 화산이 가장 최근 것은 아니랍니다. 그 부근에서 지금도 화산이 폭발하고 용암이 계속 분출되고 있어요. 말하자면 연대가 0인 셈이죠. 가끔 TV를 보면 하와이에서 용암이 뿜어져 나오는 모습을 볼 수 있는데, 바로 그 장면이 현재도 화산 활동을 하고 있는 하와이를 나타냅니다.

여기서 또 하나 우리가 알아야 할 것이 있어요. 화산이 폭발한 연대를 잘 보세요. 어떤 규칙을 찾을 수 있나요?

한 학생이 벌떡 일어나 북서쪽으로 가면 숫자가 커진다고 대답했다.

훌륭해요. 맞아요, 바로 그거예요. 하와이 열도에서 만들어진 화산의 나이가 남동쪽에서 북서쪽을 향해 연대가 오래되어 가요.

하와이 열도의 섬들은 모두 화산섬이랍니다. 화산의 폭발로 만들어진 섬이죠. 그리고 그 화산섬들의 나이가 북서쪽을 향해 오래되었다는 얘기입니다. 그런데 여기에는 아주 어려운 수수께끼가 숨어 있습니다. 나로서도 풀기가 매우 까다로운 수수께끼였죠.

윌슨은 약간은 심각한 표정으로 칠판에 다시 수많은 섬들을 그려 넣기 시작했다.

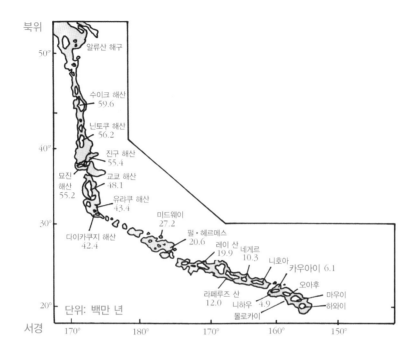

북위

50°

알류산 해구

수이크 해산
59.6

닌토쿠 해산
56.2

40°

진구 해산
55.4

묘진
해산
55.2

교쿄 해산
48.1

유라쿠 해산
43.4

미드웨이
27.2

30°

필·헤르메스
20.6

다이카쿠지 해산
42.4

레이 산
19.9

네게르
10.3

니호아

카우아이 6.1

오아후

라페루즈 산
12.0

니하우 4.9
몰로카이

마우이
하와이

20°

단위: 백만 년

서경

170°   180°   170°   160°   150°

지금 태평양에 죽 늘어선 하와이 열도와 그 주변 화산섬들을 그려 넣었습니다. 어떤 화산섬은 물 위에 모습을 드러내 놓기도 하지만, 어떤 섬들은 물 아래 잠겨 있기도 합니다.

화산섬들의 분포가 어때요? 줄 서 있는 모습이 마치 'ㄴ' 자와 비슷하죠. 가장 남동쪽에 하와이가 있습니다. 하와이 열도라고 하면 하와이에서 북위 30° 부근까지 일렬로 서 있는 섬들을 가리킵니다. 상당히 긴 열도죠. 그리고 북위 30° 부근에서 꺾여 거의 북쪽을 향하는데, 이 열도는 다른 이름을 가지고 있습니다. 엠퍼러 해산군이라고 불러요. 해산이란 바다의 산이란 뜻이에요. 이 해산들 역시 화산 폭발로 만들어진 것이랍니다.

'ㄴ' 자의 배열에서 남쪽에 있는 북서–남동의 줄을 하와이 열도, 북쪽에 있는 거의 남북 방향의 줄을 엠퍼러 해산군이라고 부르는 것이죠.

이 그림에서도 여러 화산섬들이 폭발한 연대를 숫자로 나타냈어요. 이 숫자들에 어떤 규칙이 있나요?

＿북쪽으로 갈수록 숫자가 커져요.

여러분은 참 똑똑하네요. 맞았어요. 화산이 폭발한 연대가 북쪽으로 갈수록 오래되죠. 가장 젊은 하와이는 지금도 화산 폭발을 하기에 연대가 0이죠. 그런데 북서쪽으로 갈수록 점점 오래되어 북위 30° 부근에서 42.4, 즉 4,240만 년을 가리키고 더 북쪽으로 가면 59.6, 즉 5,960만 년의 나이에 이르게 됩니다.

여기서 우리는 2가지 점을 분명하게 기억해야 합니다. 하나는 하와이 열도의 방향과 엠퍼러 해산군의 방향이 북위 30°에서 꺾인다는 점이고, 다른 하나는 화산섬들의 나이가 북서쪽, 그리고 북쪽으로 갈수록 오래되었다는 점입니다. 이것을 어떻게 설명할 수 있느냐가 앞에서 말한 어려운 수수께끼였다는 것이에요.

　가장 단순한 대답은 화산 활동이 북쪽에서 남쪽으로, 그리고 다시 남동쪽으로 서서히 이동해 왔다고 하는 거예요. 많은 과학자들도 처음에는 그렇게 간단하게 생각했답니다. 하지만 화산 활동이 그렇게 장소와 시간을 바꾸면서 진행되었다고 하는 어떤 증거도 찾을 수 없었어요.

　앞에서 배웠지만, 지구상에서 가장 활발한 화산 활동은 해령이나 침강 경계와 같은 판의 경계에서 일어납니다. 그런데 하와이 열도와 엠퍼러 해산군이 위치한 태평양 한가운데는 판의 경계가 아니라 태평양판의 내부이기 때문에 설명이 되지 않습니다. 도대체 왜 이곳에서 화산 활동이 일어나는 것일까요?

　윌슨의 표정은 점점 심각해졌다.

　자세한 설명에 들어가기 전에 간단한 실험 하나를 같이 해 봐요. 여러분 앞에 있는 양초에 불을 붙이세요. 그 다음 준비된 아주 얇은 스티로폼을 촛불 위로 가져갑니다. 촛불을 스티로폼의 좌우 방향으로 이동해서 구멍이 나게 해 보세요. 불꽃에 조심하면서 실험해 봅시다.

학생들은 스티로폼을 왼손에 쥐고 촛불을 그 아래로 가져가 좌우로 이동시키며 스티로폼을 녹였다.

잘했어요. 여러분이 실험한 방법은 위에 있는 스티로폼을 고정시키고 불꽃을 이동시키는 방법이었어요. 그런데 다른 방법도 있죠.

윌슨은 양초를 책상 위에 세우고 불을 붙였다. 그러고는 세워져 있는 촛불 위로 스티로폼을 움직였다. 학생들의 실험과 같이 스티로폼에 좌우로 구멍이 생겼다.

어때요? 같은 결과가 얻어졌지만 방법이 달랐어요. 스티로폼을 고정시키는 방법과 촛불을 고정시키는 방법이 서로 다른 것이었지요.

이 실험에서 촛불은 화산 폭발을 일으키는 뜨거운 마그마의 상승이고, 스티로폼은 지각이며 생겨난 구멍은 화산을 가정한 거예요. 결국 촛불을 이동시키는 것은 마그마 상승의 장소가 이동한 것이 되고, 스티로폼을 움직인 것은 마그마 상승의 장소는 고정되었지만 그 위에 있는 지각이 이동한 것에 해당하는 거예요.

결국 나는 하와이가 보통의 화산과는 다른 아주 특별한 화산이라는 결론에 도달했어요. 이 수수께끼를 푸는 답이 바로 태평양판에 있었습니다. 화산 활동이 이동한 것이 아니라 태평양판이 이동한 것이라는 겁니다. 화산 활동은 지금 하와이섬 바로 아래에서 항상 고정되어 일어났어요. 그런데 그때그때 만들어진 화산섬들이 태평양판의 이동에 따라 같이 움직여 버린 것이죠. 왜냐하면 만들어진 화산 역시 해양 지각 위에 만들어진 섬이니까요. 판이 움직이면 당연히 판을 이루는 지각이 움직이죠. 그리고 지각 위에 생긴 섬들도 덩달아 움직여 버리기 때문이죠.

좀 더 자세하게 그림을 그려 봅시다.

윌슨은 하와이의 화산과 태평양판의 움직임을 나타낸 그림을 그렸다.

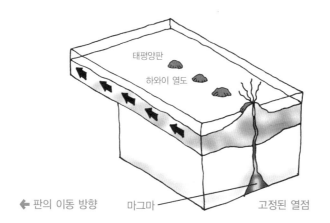

태평양판

하와이 열도

← 판의 이동 방향　　　마그마　　　　　　　　고정된 열점

　좀 전에 제가 설명한 내용이 이 그림에 잘 나타나 있습니다. 하와이 섬 바로 아래에는 맨틀의 깊은 곳에서 상승해 오는 뜨거운 흐름이 있습니다. 이 흐름이 마그마를 만들고, 마그마는 태평양의 해양 지각 위에 분출하여 화산섬을 만드는 것이죠.

　여기서 중요한 것은 하와이 섬 아래에서 만들어진 뜨거운 마그마가 분출하는 장소가 고정되어 있다는 것입니다. 그러나 태평양의 해양 지각 위에 만들어진 화산섬은 고정되지 않습니다. 왜냐하면 화산섬이 생긴 지각이 판의 이동에 따라 움직이기 때문이죠. 즉, 그림에 표시된 화살표의 방향으로 태평양판은 이동하고 그 위에 놓인 화산섬 역시 같이 이동해 가는 거예요.

현재 하와이 섬 아래에서도 뜨거운 마그마가 계속 상승하여 용암을 뿜어내고 있습니다. 이처럼 움직이지 않고 고정되어 있는 마그마의 분출 장소를 뜨거운 점이라는 뜻으로 열점 (hot spot)이라 부릅니다. 하와이 섬 아래에 열점이 있는 것이지요.

자, 이번에는 화산섬의 연대에 대한 수수께끼를 풀어 보죠. 그림에서 알 수 있듯이 가장 최근의 화산은 열점 바로 위에 위치합니다. 하지만 이보다 오래된 화산섬들은 판의 이동에 따라 움직여서 가 버렸지요. 그러니까 열점에 가까울수록 연대가 젊고, 열점에서 멀어질수록 연대가 오래되어 가는 것이 됩니다.

__아, 그렇군요

학생들은 비로소 윌슨이 보여 준 실험에서 촛불을 고정시키고 스티로폼을 움직인 이유를 알게 되었다. 하지만 아직 화산섬들이 'ㄴ' 자의 형태로 배열되어 있는 문제는 풀리지 않았다.

그래요. 여러분이 궁금해하는 것을 알아요. 열점이 고정되어 있고 태평양판이 계속 이동한다면 화산섬은 똑바른 직선으로 배열되겠지요. 그런데 하와이 열도와 엠퍼러 해산군은 하와이라는 열점에서 생긴 화산섬들이지만 위도 30° 부근에서 방향이 바뀌지요.

이 문제의 해답 역시 태평양판의 움직임에 있어요. 판의 움직이는 방향이 바뀌어 버렸기 때문입니다.

윌슨은 4가지의 그림을 순서대로 그려 나갔다.

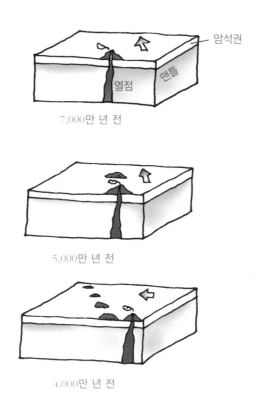

7,000만 년 전

5,000만 년 전

4,000만 년 전

엠퍼러 해산군

▲ 하와이 열도

← 판의 이동 방향

현재

하와이 섬 아래의 열점에서 화산섬이 만들어지고 이 섬들이 이동하는 모습을 4단계 그림으로 그려 보았어요. 첫 번째 그림은 약 7,000만 년 전에 열점에서 화산섬이 만들어졌다고 생각한 것입니다. 이 화산섬은 화살표의 방향으로 이동하는 암석권, 즉 판을 따라 이동하게 되지요.

두 번째 그림을 보면 약 5,000만 년 전에도 화산섬이 생기는데 7,000만 년 전에 만들어진 화산섬은 이미 판의 이동에 따라 움직여 간 모습이 확인될 것입니다.

그런데 세 번째 그림을 보세요. 앞의 두 그림과 무엇이 다른가요?

__화살표의 방향이요!

맞습니다. 세 번째 그림은 약 4,000만 년 전에 열점에서 화산섬이 만들어지고 있는 모습입니다. 그런데 이 시기에 태평양판의 이동 방향이 바뀌어 버렸어요. 따라서 이때부터 화산섬들의 이동 방향은 이미 정해져서 이동해 간 화산섬들의 방향과 차이가 생기게 되겠지요. 그리고 새로운 태평양판의 이동 방향은 현재까지 계속 이어지고 있어요.

결국 화산섬들의 배열이 'ㄴ'자의 형태를 띠는 이유는 하와이 열점에서 만들어진 오래된 화산섬들인 엠퍼러 해산군이 북쪽으로 이동하는 태평양판을 따라 움직인 결과와 약 4,000만 년을 전환점으로 하여 북서쪽으로 이동하는 태평양판을 따라 하와이 열도가 줄짓게 된 결과가 합쳐졌기 때문이죠.

다시 한 번 강조하지만, 엠퍼러 해산군과 하와이 열도의 배열은 화산 활동의 위치가 시간에 따라 변한 것이 아닙니다. 마그마의 분출 위치는 열점으로 고정되어 있고, 그 위를 지나가는 태평양판의 이동 방향이 처음에는 북쪽으로 나중에는 북서쪽으로 움직인 것입니다.

아주 단순한 문제처럼 보이지만, 이 열점의 존재를 알게 됨으로써 판 구조론이라는 이론이 한 단계 더 성장하는 계기가 되었답니다.

열점이 밝혀지자 지구 표면 운동의 또 다른 문제가 덩달아 해결되었습니다. 우리는 판의 경계가 기본적으로 발산 경계, 수렴 경계, 보존 경계의 3개로 나뉜다고 배웠지요. 이 경계들은 판들이 서로 멀어지고, 가까워지고 또 스쳐 지나가는 경계라고 했어요. 따라서 마주하고 있는 판들은 서로 움직이지만 그 움직임은 상대적입니다. 상대적이란 뜻은 어느 하나의 판에 대해 다른 판이 어떻게 움직이느냐를 살핀다는 거예요.

그런데 과학자들은 판 사이의 상대적인 움직임이 아니라 하나의 판이 나타내는 절대적인 움직임을 알고 싶어했어요. 가령 태평양판을 생각할 때 이 판이 어느 방향으로 얼마 정도의 속도로 움직이는가를 밝히려 했지요. 이것이 어려운 문제였습니다. 왜냐고요? 그건 지구상의 모든 판들이 움직이기 때문에 고정된 출발점을 찾을 수 없었기 때문이에요.

우리가 흔히 물체가 움직이는 방향과 속도를 측정할 때, 그 물체가 출발하는 출발점과 도착하는 도착점을 고정시키죠. 그래야만 방향을 알고 속도를 계산할 수 있어요.

판의 경우도 마찬가지예요. 고정된 출발점이 없으면 판의 이동 방향과 속도를 구할 수 없게 되죠. 지구 표면을 덮고 있는 모든 판이 움직이고 있기 때문에 지구상에서 고정된 점을 찾을 수 없었던 겁니다. 지금이야 위성 항법 장치라고 불리는 GPS가 있어서 판의 이동 방향과 속도를 쉽게 계산할 수 있지만, 1960년대만 해도 그런 장치가 없었잖아요.

당시 과학자들에게 판의 이동 방향과 속도를 구하는 것은 꽤나 골치 아픈 문제였는데, 열점이 밝혀지면서 문제가 풀리게 된 거예요. 열점이 바로 판의 이동과는 상관없는 고정된 점이었기 때문이죠. 즉, 움직이지 않는 고정된 출발점이 있기에 모든 판들의 이동 방향과 속도를 계산할 수 있게 되었습니다.

우리가 두 번째 수업 시간에 본 그림에서 지구를 덮고 있는 여러 판의 이동 방향과 속도를 살핀 적이 있었죠? 그 그림에서 나타난 방향과 속도는 모두 열점과 같은 고정된 점이 있었기에 구할 수 있었던 것입니다.

하나의 예를 들자면 하와이 열점을 고정점으로 하여 태평양판의 이동을 계산해 보면 매년 북서쪽으로 약 10cm씩 이동했다는 결과를 얻을 수 있어요.

열점의 중요성을 깨달은 학생들에게 하와이 섬은 너무나도 멋있는 섬으로 다가왔다. 지구상의 고정된 점이며 많은 것을 가르쳐 주는 섬으로 말이다.

여러분, 그렇다고 지구상에 열점이 하와이 섬 하나만 있는 것은 아니랍니다. 상당히 많은 열점이 분포합니다. 세계 지도에 열점의 분포를 그려 볼게요.

어때요? 많은 열점들이 있죠. 태평양에도 하와이 외에 여

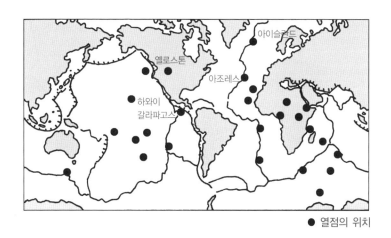

● 열점의 위치

러 개의 열점이 있어요. 갈라파고스 역시 열점이에요. 대서
양에도 아이슬란드, 아조레스 등의 열점이 여러 개 분포하
죠. 이외에도 여기저기에 열점들이 있답니다.

어떤 열점은 판의 경계부에 있기도 하지만, 어떤 열점은 판
의 내부에 있죠. 열점 역시 활발한 화산 활동이 일어나는 지
역이지만 상당수가 판의 내부에 위치합니다. 판의 발산 경계
와 섭입형 수렴 경계에서의 화산 활동과 더불어 열점 역시 지
구상의 화산 활동을 일으키는 중요한 지역이 되는 거예요.

그리고 이 열점은 최근에 더 중요한 의미를 가지고 있음이
밝혀졌습니다. 열점의 또 다른 중요성에 대해서는 다음 시간
에 계속하겠어요.

하와이는 여러 개의 섬들로 이루어져서 하와이 열도라고 부르지요. 여기 오른쪽 아래에 하와이 섬이 있군요.

그렇군요.

여기서 선을 그은 장소는 화산이 분출한 장소이고, 숫자는 화산이 폭발한 연대이지요. 연대의 단위가 백만 년이니까 0.01은 1만 년, 5.1은 510만 년을 나타내지요.

하와이 섬 부근에서는 지금도 화산이 폭발하고 있다고 들었어요.

맞아요. 하와이 열도의 섬들은 모두 화산 폭발로 만들어진 화산섬이에요. 분포가 마치 'ㄴ'자와 비슷하지요.

그런데 화산이 폭발한 연대를 잘 보면 남동쪽에서 북서쪽을 향해 연대가 오래되어 가요.

'ㄴ'자 배열에서 북위 30°를 기준으로 꺾였는데 그중 아래쪽을 하와이 열도라 하고, 위쪽을 엠퍼러 해산군이라고 불러요.

엠퍼러 해산군

북위 30°

하와이 열도

하와이 열도와 엠퍼러 해산군의 방향이 북위 30°에서 꺾인다는 점과 화산섬들의 나이가 북서쪽으로 갈수록 오래되었다는 점이 수수께끼였지요.

엠퍼러 해산군

• 방향이 꺾임
• 나이가 북서쪽으로 갈수록 오래됨

하와이 열도

결국 나는 하와이가 보통 화산과 다른 특별한 화산이라는 결론에 도달했지요. 이것은 화산 활동이 이동한 것이 아니라 태평양판이 이동한 것이라는 거예요.

아주 중요한 발견을 하신 거네요.

태평양판이 이동

지구의 심장이 뛰어요

지구 내부에 대한 정보는 어떻게 얻을 수 있을까요?
지구 내부의 온도 분포가 깊이에 따라 일정하지 않다는 것은 무슨 뜻일까요?

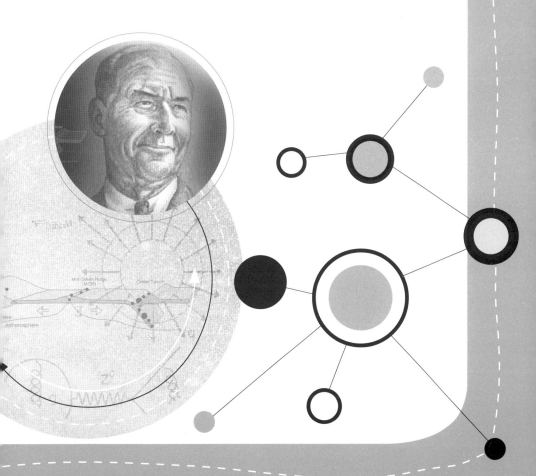

9

마지막 수업

지구의 심장이 뛰어요

윌슨이 지금까지 배운
내용을 정리하며
마지막 수업을 시작했다.

　지난 시간까지 우리는 지구의 표면이 여러 개의 판으로 이루어지고, 판들은 서로 움직이면서 다양한 지구의 모습을 만들어 내고 있음을 배웠습니다. 이처럼 판의 운동으로 말미암아 지구의 모습이 변화하는 현상을 과학적으로 설명하는 이론이 판 구조론입니다.

　판 구조론은 대륙 이동설로부터 출발해 맨틀 대류설, 해저 확장설을 거쳐 완성된 이론이지만 수십 년 동안 지구에 대한 과학적인 관찰로부터 얻은 자료의 축적이 없었더라면 불가능했겠죠.

판 구조론이 1960년대 후반에 완성되었다고는 해도 이론으로서의 발전은 지금까지도 계속되고 있습니다. 특히 1990년대에 들어서 과학 기술의 발전과 더불어 지구 내부의 모습을 좀 더 확실히 들여다보게 되었는데, 오늘은 이 이야기부터 시작할까 합니다.

지구 내부를 들여다본다고 했는데, 어떻게 지구 내부를 볼 수 있을까요? 얼마 전 어떤 공상 과학 영화에서는 특수 굴착 장비를 갖춘 탈것을 만들어 지각과 맨틀을 뚫고 핵까지 돌진한다는 내용이 있었어요. 하지만 아직은 불가능합니다.

가끔은 전 세계의 과학자들이 협력하여 지표 아래 수 km까지 시추하여 지구 내부의 정보를 얻기도 합니다. 그러나 그 정도의 깊이로 지구 내부 전체를 들여다볼 수는 없는 노릇이지요.

지금 과학자들이 지구 내부의 정보를 얻는 것은 마치 의사가 청진기로 우리 몸 내부의 소리를 듣고 어디가 아픈지 알아내거나, X선 촬영을 해서 몸에 이상이 있는지를 알아내는 방법과 비슷합니다.

즉, 지구 내부를 관찰하는 과학자의 방법은 의사의 방법과 비슷한데, 청진기나 X선 대신에 지진파를 사용하는 것이 다를 뿐입니다. 지진파는 지구 내부의 모습을 밝힐 수 있는 훌

륭한 수단이 되는 것이죠.

앞에서 배웠듯이 지구의 내부 구조는 지표로부터 지각, 맨틀, 핵으로 되어 있고, 핵은 다시 액체인 외핵과 고체인 내핵으로 나뉩니다. 이런 구조는 지진이 발생할 때 그 파동이 지구 내부를 통과해 지표로 되돌아오는 현상을 이용하면 쉽게 알 수 있어요. 또한 지구 내부에서 어떤 현상들이 일어나고 있는지도 지진파를 분석하여 알아내고 있죠.

최근에는 단층 촬영이라는 기술이 발달해 인체의 내부를 3차원적으로 살펴볼 수 있듯이 지구의 내부를 3차원적으로 볼 수 있는 방법도 개발되었어요. 이 방법을 지진파 단층 촬영이라고 부릅니다. 지진파 단층 촬영은 지금까지 우리가 생각하지 못했던 많은 새로운 사실을 알려 주게 되었지요.

그럼 지금부터 지구 내부를 아는 데 중요한 지진파에 대해 공부해 보도록 하겠습니다.

윌슨은 지구의 내부 모습과 지진파가 전달되어 가는 모습을 그림으로 그렸다.

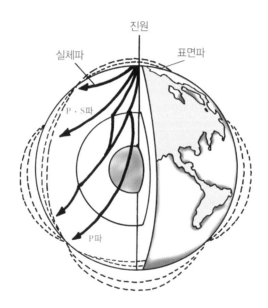

지진이 발생하면 땅이 크게 흔들립니다. 이때 큰 흔들림은 파동 모양으로 주변에 퍼져 나가게 되죠.

이 파동은 3가지로 나타나게 되는데, 둘은 지구 내부를 통과하는 것이고 나머지 하나는 지구 표면을 따라 전파되어 갑니다. 이때 지구 내부를 통과하는 파를 보통 실체파라고 하고 표면을 따라가는 파를 표면파라고 합니다. 이러한 지진파 중에서 지구 내부를 알 수 있게 하는 것이 실체파입니다.

앞에서 말했지만 지구 내부를 통과하는 실체파는 2개가 있습니다. 우리가 흔히 P파와 S파라고 부르는 것이지요. P파와 S파는 성질이 다른데, 이 다른 성질이 지구 내부의 구조를 알게 해 주는 거예요.

P파는 S파보다 빠르게 전파됩니다. 그리고 P파는 고체, 액체, 기체 모두를 통과할 수 있어요. 그러나 S파는 고체는 통과해도 액체와 기체는 통과하질 못해요. 그러니까 만약 지구 내부에 액체로 된 부분이 있으면 P파는 기록되더라도 S파는 기록되지 않는 것이죠.

지구의 외핵이 액체로 되어 있다는 사실도 외핵을 통과해 오는 지진파 중에서 S파가 기록되지 않는다는 사실에서 발견된 것이지요.

─아, 그렇군요.

월슨은 지구 내부의 구조와 지구 내부를 통과하는 P파와 S파의 속도를 그림으로 그렸다.

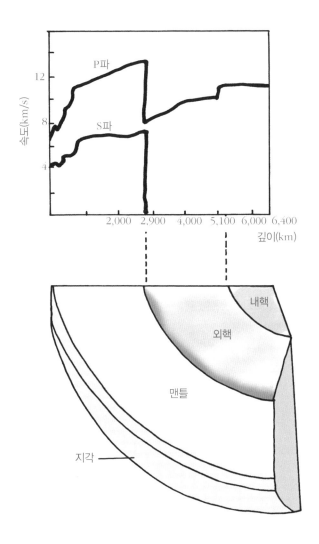

지금 그린 그림에서 지구 내부를 통과하는 P파와 S파의 속
도의 차이를 분명하게 알 수 있어요. 우선 P파는 S파보다 속

도가 빠르지요. 그런데 P파의 속도가 지구 내부에서 항상 일정한 것은 아니에요. 지구 내부 물질의 상태와 밀도에 따라 P파의 속도는 달라집니다.

그림에서 보면 지표에서 맨틀의 가장 아래 부분까지 P파의 속도가 커짐을 알 수 있죠? 다만 맨틀을 지나 외핵에 이르면 P파의 속도가 줄어드는데, 그 이유는 외핵이 액체로 되어 있기 때문이에요. S파의 경우 외핵보다 깊은 곳에서는 아주 나타나지 않습니다. 외핵을 아예 통과하지 못하기 때문이에요.

P파는 지구 내부에 물질이 녹아 있을 경우 속도가 느려지게 됩니다. 외핵에서뿐만이 아니라 지구 내부에 조금이라도 녹아 있는 부분이 있다면 그곳에서는 P파의 속도가 감소한다는 거예요.

또 같은 깊이에 있는 물질이라고 해도 온도가 상대적으로 낮은 경우 P파의 속도는 빨라지고, 온도가 높은 경우 P파의 속도가 느려집니다.

이것은 P파의 아주 중요한 성질 중 하나입니다. 이 성질을 이용하여 지구 내부의 차가운 부분과 뜨거운 부분을 알게 되었어요. 지하의 같은 깊이에서도 온도가 다른 지역이 있다는 것이 밝혀진 것이죠. 그리고 그 모습이 3차원적으로 그려지게 되었어요.

월슨은 지구의 내부를 그리고 거기에 차가운 부분과 뜨거운 부분을
표시하기 시작했다.

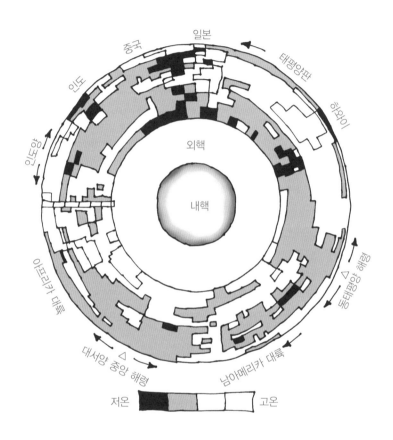

지구 내부에 저온부와 고온부를 표시하였습니다. 같은 깊
이라도 온도가 다른 곳이 분명하게 나타나죠. 이처럼 지구
내부의 온도 분포가 깊이에 따라 일정하지 않다는 것은 무엇

을 뜻하는 것일까요?

그것은 지구 내부의 운동이 우리가 생각하는 것보다 훨씬 복잡하다는 것을 의미할 것입니다. 이 문제를 풀기 위해서는 앞에서 공부했던 것들을 다시 되새겨 볼 필요가 있어요.

우선 판의 수렴 경계 중에서 섭입형 경계를 생각해 봅시다. 섭입형 경계에서는 하나의 판이 다른 판 아래로 내려갑니다. 그런데 내려가는 판은 어느 정도의 깊이까지 내려갈까 하는 것이 의문이었지요.

과학자들은 섭입형 경계에서 발생하는 지진에 주목했습니다. 적어도 670km의 깊이까지는 지진이 발생하고 있어요. 지진이 발생한다는 것은 침강하는 판과 맨틀 사이의 마찰이 존재하는 것이기에 그 깊이까지는 판이 내려가는 것으로 볼 수 있어요. 그러면 그보다 더 깊은 장소는 어떨까요? 670km보다 깊은 곳에서 발생한 지진은 아직 기록된 적이 없습니다.

지하 670km 부근까지 내려간 판이 어떻게 될 것인가에 대한 문제는 과학자들을 괴롭혔습니다. 이 깊이는 판을 이동시키는 맨틀 대류의 가장 아래쪽이고, 판 구조론에서는 670km보다 깊은 곳에서의 현상은 아직 설명하지 못했기 때문이에요. 그러나 드디어 새로운 아이디어가 탄생하게 됩니다.

먼저 이런 비유를 해 보죠. 요즘 학생들은 우물물을 길어 본

적이 거의 없을 거예요. 우물 속에서 물을 퍼내기 위해서는 두
레박을 던집니다. 우물 속에 두레박을 던지면 처음에 두레박
은 물 위에 떠 있습니다. 그러나 두레박을 이리저리 젓게 되면
물이 채워지게 되지요. 물이 채워져 무거워진 두레박은 우물
속으로 가라앉게 됩니다. 그때 두레박을 끌어올리는 것이죠.

670km까지 내려간 판의 운명도 우물 속의 두레박과 비슷
하다는 생각입니다. 해양판이 대륙판 아래로 침강하는 모습
을 그린 그림을 봅시다.

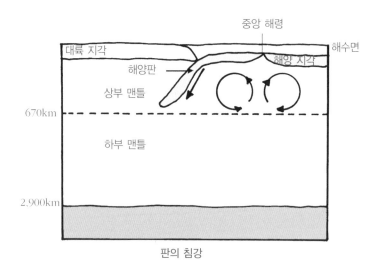

판의 침강

해양판이 침강하는 과정에서 분명 맨틀의 대류가 판의 이동
에 영향을 줍니다. 이때 판을 움직이는 대류 운동은 상부 맨틀

의 대류이고, 그 아래의 하부 맨틀과의 경계가 약 670km 정도입니다. 그런데 670km까지 내려간 해양판은 그 자리에 머물게 됩니다. 마치 우물 속의 두레박이 물이 채워져 무거워질 때까지 물 위에 머무는 것처럼 말이죠.

계속 해양판의 침강이 일어나도 670km 지점에서는 밀려드는 해양판들이 어느 정도의 무게가 될 때까지 체류하게 됩니다. 그러다 드디어는 무게가 너무 무거워져 불안정하게 됩니다. 그리고 충분히 무거워진 해양판은 더 깊은 곳으로 낙하하기 시작합니다. 마치 물이 가득 채워진 두레박이 우물 속으로 가라앉는 것처럼 말이에요.

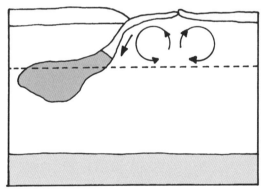

판의 체류

낙하하는 판의 무리는 계속 가라앉아 맨틀과 핵의 경계에 떨어집니다. 그러면 그 주변에 있던 뜨거운 맨틀 물질이 반동적으로 상승을 시작하여 상승류를 만들게 됩니다.

뜨거운 맨틀 물질의 상승류는 차가워진 해양판의 무리가 맨틀-핵의 경계에 떨어져 생기기도 하지만 맨틀과 핵의 온도 차이 때문에 생기기도 합니다. 아주 뜨거운 핵은 그 위에 놓인 맨틀을 가열시키기도 하겠죠. 그러면 맨틀은 가벼워져

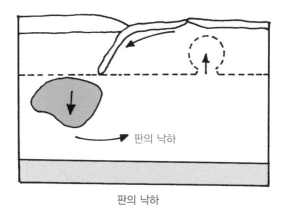

판의 낙하

상승하게 될 것이라는 얘기예요.

이처럼 차가운 판이 낙하하고 뜨거운 맨틀이 상승하는 현상을 플룸(plume)이라고 합니다. 이때 차가운 판의 낙하를 '차가운 플룸', 뜨거운 맨틀의 상승을 '뜨거운 플룸'이라고 하지요.

우리가 지진파를 통해 밝힌 지구 내부의 온도 차이는 바로

차가운 플룸과 뜨거운 플룸의 존재를 나타내는 것입니다. 지구 내부의 저온부는 차가운 플룸이 하강하고 있는 곳이며, 고온부는 뜨거운 플룸이 상승하고 있는 곳입니다.

그러면 현재 지구의 내부에 존재하는 차가운 플룸과 뜨거운 플룸의 모습을 그림으로 살펴보죠.

월슨은 지구의 내부를 그리고, 거기에 하강하는 플룸과 상승하는 플룸을 그려 넣기 시작했다.

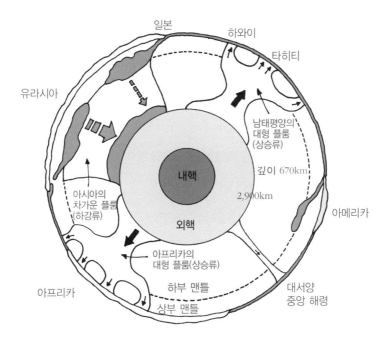

어때요, 지구의 내부가 생각보다는 복잡하게 움직이죠? 지구상에서 차가운 플룸이 하강하고 있는 장소는 해양판이 대륙판 아래로 침강하고 있는 곳으로 가장 대표적인 곳이 유라시아 대륙 주변입니다. 반면 뜨거운 플룸이 상승하는 장소는 태평양의 하와이 부근, 대서양 중앙 해령 부근 그리고 아프리카 내부입니다.

하와이의 열점이 바로 뜨거운 플룸의 상승 장소입니다. 그렇기에 판의 이동과는 관계없이 고정되어 있는 거예요. 또한 아프리카 내부로 상승하는 뜨거운 플룸이 바로 아프리카의 동쪽을 떨어져 나가게 만드는 것입니다.

이처럼 차가운 플룸과 뜨거운 플룸으로 지구 내부의 활발한 모습을 설명하는 이론을 플룸 구조론이라고 합니다. 그러면 플룸 구조론과 판 구조론은 전혀 다른 이론일까요?

아닙니다. 서로 도와주고 있는 이론입니다. 플룸 구조론은 판 구조론이 설명하지 못하는 부분을 잘 보충해 주는 것이죠. 우리가 지구 전체를 얘기할 때 지구 표층의 운동은 판 구조론이, 더 깊은 내부에서의 운동은 플룸 구조론이 설명하고 있다고 생각하면 됩니다.

윌슨은 지구 내부에 플룸의 상승과 하강, 그리고 맨틀 대류의 모습을 그렸다.

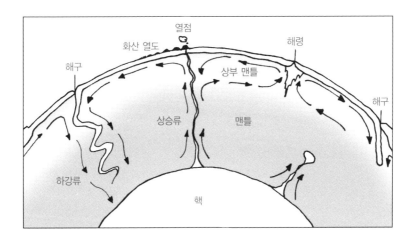

지금까지 우리가 살핀 내용을 하나의 그림으로 정리해 보았어요. 지구의 내부에서는 뜨거운 플룸의 상승과 차가운 플룸의 하강이 일어나고 있습니다. 지구의 표층에서는 상부 맨틀의 대류에 의해 판이 이동하고 있어요. 이런 움직임들이 지구에서 일어나는 여러 현상을 지배하고 있는 것이죠.

지구의 심장은 핵입니다. 핵과 맨틀의 경계에서 일어나는 현상은 마치 심장의 박동과 같은 것이라고 할 수 있죠. 이 박동에 의해 지구의 에너지가 나가고 되돌아옵니다. 그 에너지는 뜨거운 플룸을 동맥으로, 차가운 플룸을 정맥으로 하여 계속 순환하고 있는 것이죠. 그리고 이 순환이 과거 46억 년 동안 대륙을 모으고 떨어지게 했던 힘이 되었던 것입니다.

아직도 지구의 심장은 뛰고 있습니다. 지구는 살아 있는 것이죠.

선생님, 과학자들은 어떻게 지구 내부를 볼 수 있나요?

그건 의사가 청진기나 X선 촬영으로 몸의 이상을 알아내는 방법과 비슷하지요. 다만 청진기나 X선 대신에 지진파를 사용하는 것이 다를 뿐입니다.

지구의 구조는 지진이 발생할 때 그 파동이 내부를 통과해 지표로 되돌아오는 현상을 이용해 알 수 있어요. 또한 지구 내부에서 어떤 현상들이 일어나고 있는지도 지진파를 분석하여 알아내고 있지요.

신기하네요.

지각
연약권
맨틀
외핵
암석권

S파 P파

최근에는 단층 촬영이 발달해 인체의 내부를 3차원적으로 살펴볼 수 있듯이, 지구의 내부를 3차원적으로 볼 수 있는 방법도 개발되었어요.

우아, 그런 방법도 있군요.

지진이 발생하면 땅의 흔들림은 파동 모양으로 주변에 퍼져 나가지요. 이때 지구 내부를 통과하는 파를 실체파라고 하고, 표면을 따라가는 파를 표면파라고 해요. 이 중 지구 내부를 알 수 있게 하는 것은 실체파예요.

실체파에도 종류가 있나요?

표면파
실체파

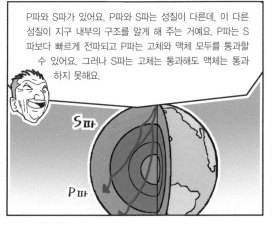

P파와 S파가 있어요. P파와 S파는 성질이 다른데, 이 다른 성질이 지구 내부의 구조를 알게 해 주는 거예요. P파는 S파보다 빠르게 전파되고 P파는 고체와 액체 모두를 통과할 수 있어요. 그러나 S파는 고체는 통과해도 액체는 통과하지 못해요.

S파
P파

그러니까 만약 지구 내부에 액체로 된 부분이 있으면 P파는 기록되더라도 S파는 기록이 되지 않는다는 것이군요.

그래요. 지구의 외핵이 액체로 되어 있다는 사실도 외핵을 통과해 오는 지진파 중에서 S파가 기록되지 않는다는 사실에서 발견된 거지요.

판 구조론을 제창한
윌슨 John Tuzo Wilson, 1908~1993

스코틀랜드 출신 기술자의 아들로 태어난 윌슨은 토론토 대학교 트리니티 칼리지에서 학사 학위를 받았는데, 캐나다에서는 최초로 지구 물리학을 전공한 학생이 되었습니다. 1936년에서 1939년에는 캐나다 지질 조사국에서 근무했으며, 제2차 세계 대전 중에는 캐나다 왕립 공병대에서 근무하여 대령까지 진급했습니다.

전쟁이 끝난 후, 1946년 토론토 대학교의 지구 물리학 교수가 되어 1974년까지 재직했으며, 그해에 온타리오 과학 센터의 총책임자가 되었습니다.

그는 전 지구적인 단층 작용의 양상과 대륙의 구조에 관한 학설을 확립했습니다. 판 구조론에 관한 그의 연구는 대륙 이동설, 해저 확장설 및 지구 내부의 대류설 등과 같은 학설에 중요한 영향을 주었습니다. 주요 저서로는 《IGY : 초승달의 해 IGY》, 《지구 과학의 혁명》, 《표류하는 대륙과 좌초하는 대륙》 등이 있습니다.

대륙은 고정되어 있고 움직일 수 없다는 의견이 우세하던 1960년대 초에 윌슨은 대륙 이동설의 부활을 주도했습니다. 그는 〈새로운 종류의 단층과 대륙 표류에 있어서 이들의 의미〉(1965)라는 제목의 논문에서 변환 단층의 개념을 도입했습니다.

판들이 서로 수렴하거나 갈라지는 현상만을 이용하여 판의 운동을 설명한 이전의 대륙 이동설과는 달리, 판들이 서로에 대해 미끄러지는 제3의 운동이 존재한다고 주장했습니다. 이러한 학설은 1970년대에 들어 지구 물리학 분야의 혁명을 일으킨 판 구조론의 토대 중 하나가 되었습니다.

과학사		세계사
		● 영국, 산업 혁명 시작
아르뒤노 지질 시대 구분	1760	
		● 남아프리카공화국 건국
베게너 대륙 이동설 제안	1910	
		● 소련, 토지 사유 금지법 제정
홈스 맨틀 대류설 제안	1928	
		● 한국, 휴전 협정 체결
해리 헤스 열극 발견	1953	
		● 볼리비아, 체 게바라 체포
바인, 매튜스 판 구조론 제안	1967	

1. 지구 내부는 지각, ☐☐, 핵으로 나뉩니다.
2. 지구 표면을 이루는 판들이 경계에서 서로 접근하고 있는 경우를 ☐
   ☐ 경계라고 합니다.
3. 둥근 지구 표면에서 해양 지각들이 이동하면서 쪼개지면 ☐☐ ☐☐
   이 생깁니다.
4. 맨틀 위에는 대륙이 있고, 대륙은 맨틀의 순환 과정에서 생기는 수평
   이동에 실려 움직일 수 있다는 이론이 ☐☐ ☐☐☐ 입니다.
5. 지구에서 가장 거대한 해양판은 ☐☐☐☐ 판입니다.
6. 움직이지 않고 고정되어 있는 마그마의 분출 장소를 ☐☐ 이라고 합
   니다.

　　몇 년 전 일본에서 대형 재난 영화 〈일본 침몰〉이 화제가
된 적이 있습니다. 이 영화를 보고 일본인뿐만 아니라 많은
사람들로부터 일본이 정말 가라앉을까에 대한 궁금증이 확
산되었습니다.

　　〈일본 침몰〉을 허황된 영화적 상상력의 산물이라고만 치부
할 수 없는 이유는 일본 열도가 태평양판, 필리핀판과 맞닿
아 있는 유라시아판의 끝자리에 불안하게 놓여 있기 때문입
니다. 따라서 열도 침몰까지는 아니더라도 대규모 지진이나
화산 폭발에 대한 공포감은 일본인이라면 누구나 갖고 있습
니다.

　　이 영화의 과학적 감수를 맡은 도쿄 대학교 지진 연구소는
이같은 논란과 궁금증에 답하기 위해 홈페이지에 '질의응답'
란까지 마련했다고 합니다.

영화는 태평양판의 끝부분이 가라앉으면서 일본이 놓여 있는 유라시아판을 함께 끌고 들어간다는 상황을 설정했습니다. 열도 전체가 1년 안에 바다 밑으로 잠길 운명에 놓인 가운데 각지에서는 지진과 화산 폭발, 지진 해일(쓰나미)이 동시다발적으로 일어납니다.

그러나 지진 연구소는 '현재의 상태가 지속되는 한 일본이 침몰하는 일은 없다'고 강조했습니다. 오히려 일본 열도는 동쪽의 태평양판과 남쪽의 필리핀판에 밀려 조금씩 솟아오르는 중이라는 것입니다. 만약 일본이 가라앉더라도 100만 년이라는 오랜 시일이 걸릴 것이라는 게 지진 연구소의 예측입니다.

영화에서처럼 일본 각지에서 대지진이 일제히 일어날 가능성은 얼마나 될까요?

지진 연구소는 영화에서처럼 일본 각지에서 대지진이 일어날 가능성은 사실상 없을 것이라고 예상했습니다. 일본의 홋카이도와 규슈처럼 멀리 떨어진 지역에서 지진이 동시에 발생한 사례는 아직 보고된 일이 없다는 것입니다. 그러나 지진 연구소는 훗날 후지산에서 화산 폭발이 일어날 가능성만은 100%라고 단언했습니다.

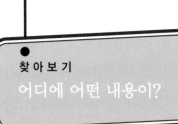

찾아보기

어디에 어떤 내용이?